U0318853

Changjiang
Children's
Encyclopedia
长江少儿科普馆

传世少儿科普名著 插图珍藏版 CHATUZHENCANGBAN 高端编委会

Changjiang Children's Encyclopedia
长江少儿科普馆

中国孩子与科学亲密接触的殿堂

传世少儿科普名著 插图珍藏版 CHATUZHENCANGBAN

大象的故事

刘后一◎著

长江出版传媒 | 长江少年儿童出版社

主编絮语

（代序）

书籍是人类进步的阶梯。有的书，随便翻翻，浅尝辄止，足矣！有的书，经久耐读，愈品愈香，妙哉！

好书便是好伴侣，好书回味更悠长。

或许，它曾拓展了你的视野，启迪了你的思维，让你顿生豁然开朗之感；或许，它在你忧伤的时候给你安慰，在你欢乐的时候使你的生活充满光辉；甚而，它照亮了你的前程，影响了你的人生，给你留下了永久难忘的美好回忆……

长江少年儿童出版社推出的《传世少儿科普名著（插图珍藏版）》丛书，收录的便是这样一些作品。它们都是曾经畅销、历经数十年岁月淘洗、如今仍有阅读和再版价值的科普佳作。

从那个年代“科学的春天”一路走来，我有幸享受了一次次科学阅读的盛宴，见证了那些优秀读物播撒科学种子后的萌发历程，颇有感怀。

被列入本丛书第一批书目的是刘后一先生的作品。

我是在1978年10岁时第一次读《算得快》，记住了作者“刘后一”这个名字。此书通过几个小朋友的游戏、玩耍、提问、解答，将枯燥、深奥的数学问题，演绎成饶有兴趣的“儿戏”，寓教于乐。在我当年的想象中，作者一定是一位知识渊博、戴着眼镜的老爷爷，兴许就是中国科学院数学研究所的老教授哩。但没过多久我就被弄糊涂了，因为我陆续看到的几本课外读物——《北京人的故事》《山顶洞人的故事》和《半坡人的故事》，作者都是刘后一，可这几本书跟数学一点儿也不搭界呀?

直觉告诉我，这些书都是同一个刘后一写的，因为它们具有一些共同的特点：都是用故事体裁普及科学知识；故事铺陈中的人物都有比较鲜明的性格特征；再就是语言活泼、通俗、流畅，读起来非常轻松、愉悦。

一晃十多年过去了。大学毕业后，我来到北京，在《科技日报》工作，意外地发现，我竟然跟刘后一先生的女儿刘碧玛是同事。碧玛极易相处，渐渐地，我们就成了彼此熟识、信赖的朋友。她跟我讲述了好些她父亲的故事。

女儿眼中的刘后一，是一个胸怀大志、勤奋好学而又十分“正统”的人。他父母早逝，家境贫寒，有时连课本和练习本也买不起。寒暑假一到，他就去做小工，过着半工半读的生活。他之所以掌握了渊博的知识，并在后来写出大量优秀的科普作品，靠的主要是刻苦自学。他长期业余从事科普创作，耗费了巨大的精力，然而所得到的稿酬并不多，甚至与付出“不成比例”。尽管如此，他仍经常拿出稿酬买书赠给渴求知识的青少年。在他心目中，身外之物远远不及他所钟情的科普创作重要。

在一篇题为《园外园丁的道路》的文章中，后一先生戏称自己当年挑灯夜战的办公室，是他“耕耘笔墨的桃花源”，字里行间透着欢快的笔调：“《算得快》出版了，书店里，很多小学生特意来买这本书。公园里，有的孩子聚精会神地看这本书。我开始感到一种从未有过的幸福与快乐，因为我虽然离开了教师岗位，但还是可以为孩子们服务。不是园丁，也是园丁，算得上是一个园外园丁么？我这样反问自己。”

当年（1962年），正是了解到一些孩子对算术学习感到吃力，后一先生才决定写一本学习速算的书。而这，跟他的古生物学专业压根儿不沾边。那时，他正用数学统计的方法研究从周口店发掘出来的马化石。他敢接下这个他专业研究领域之外的活计，在很大程度上是出于兴趣。他很小就学会了打算盘，并研究过珠算。

后一先生迈向科普创作道路最关键的一步，是学会将故事书与知识读物结合起来，写成科学故事书。他的思考和创作走过了这样的历程：既是故事，就得有情节。情节是一件事一件事串起来的，就像动画片是一张一张画联结起来的一样，连续快放，就活动了。既是故事，就得有人物。由此，“很多小学生的形象在我脑际融会了，活跃起来了。他们各有各的爱好，各有各的性情，但都好学、向上、有礼貌、守纪律，一个个怪可爱的”。

在后一先生逝世20周年之际，他的优秀科普作品被重新推出，是对他的一种缅怀和敬意，相信也一定会受到新一代小读者的喜爱和欢迎。作为丛书主编和他当年的小读者，对此我深感荣幸。

尹传红

2017年4月12日

目录

到动物园里去看大象

瞎子摸象

小朋友到动物园里去玩，最喜欢去看大象。许多小朋友围着栏杆，有的指着大象的鼻子发笑，有的指着大象的腿惊奇地叫起来。趁着大家高兴的时候，我先讲个瞎子摸象的故事吧！

从前，印度国有六个瞎子。因为他们是生下来就瞎的，所以他们从来没有看见过任何东西，也从来没见过大象。

他们多么想知道大象是个什么样子呀！

有一天，他们在路上走，只听得有人在吆喝："闪开，闪开，大象来了！"

他们觉得这是一个了解大象的好机会，便央求人家领他们走到大象跟前，动手摸起大象来。

一个瞎子摸着大象的躯干，便说："啊，大象原来就像一堵柔软的墙壁啊。"

另一个瞎子摸着大象的腿，嚷道："不对，大象像一根肉柱子。"

第三个摸着大象的鼻子，他说："啊，不，不！大象像一条很粗的蛇。"

第四个摸着大象牙，他说："我认为，大象像一根玉石做的棍子。"

第五个摸着大象的尾巴，他说："不，大象像一根绳子。"

还有一个瞎子个子最高，摸着大象的耳朵，他说："你们都错了，大象像一把大蒲扇。"

于是，他们争论起来，各执一词。其实，六个瞎子都接触到了一部分真实，但都没有了解大象的全部情况。

现代最大的陆生动物

到动物园里去的人，特别是小朋友，总是兴致勃勃地要去看看大象。

为什么人们都喜欢去看大象呢？

也许因为大象个子很大吧！

是的，大象身躯庞大，头大，耳朵大，鼻子长，腿儿粗，除了一双眯细的小眼睛和一条细瘦的小尾巴，身体的其余部分都很大。它是现代最大的陆生动物。有一种大象叫非洲象，高可达 3.8 米。如果你身高 1.6 米，那它的身高是你的 2 倍多。非洲象从头到尾最长达 10 米，这一点，人没法跟它比，因为人是两腿直立的，象是四脚着地的。另一种象叫亚洲象，个子矮一些，但也有 3.2

米高。

我们这里说象是最大的动物，不是说它是最高的动物。因为长颈鹿最高可达 6 米多，比最高的大象还要高 60%。

我们这里说象是最大的动物，而不是植物。因为大家都知道，很多树木都比大象高大很多。如果把大象牵到美洲 142 米高的巨杉、澳大利亚 495 米高的桉树跟前，那真是渺乎其小了。

我们这里说象是现代最大的陆生动物。为什么要加个“陆生”呢？因为地球上除了 29%的陆地，还有 71%的海洋。而在海洋里，有些动物要比大象大得多。最大的蓝鲸（又叫蓝长须鲸），体长达 33.59 米，体重达 200 吨，相当于二三十头成年非洲公象那么重。

请注意，在“最大的陆生动物”几个字的前面，为什么还要加“现代”两个字呢？因为古代有些动物也很庞大。如北京自然博物馆展出的 7000 多万年前的鸭嘴龙，长 17 米，高 8 米；1.4 亿年前的合川马门溪龙，高 3.5 米，从头前端到尾末端长 22 米，重 30—40 吨。全世界最大的恐龙长 42.7 米，重 100 多

吨。它们都比现代的大象大得多。2000 万年前的巨犀，头长 1.5 米，肩高 5.14 米，头顶高度 8.23 米，也比现代大象大。

所以，完整地讲，应该说大象是现代最大的陆生动物。你看，话要说得准确，真是不容易呀！

那么大象，或者别的陆生动物，能不能长得特别巨大呢？比方说，高度是现代象的 10 倍，行吗？不行！因为那就得解决很多问题。首先是身体支撑问题。象的高度是原来的 10 倍，体积就会是原来的 1000 倍，可是四条腿的横断面只是原来的 100 倍，它们就会支撑不住巨大的体重。如果不按比例，象腿特别粗，粗到肚子下面长满了腿，那大象就会无法活动。这就是陆生动物不可能长得特别大的缘故。

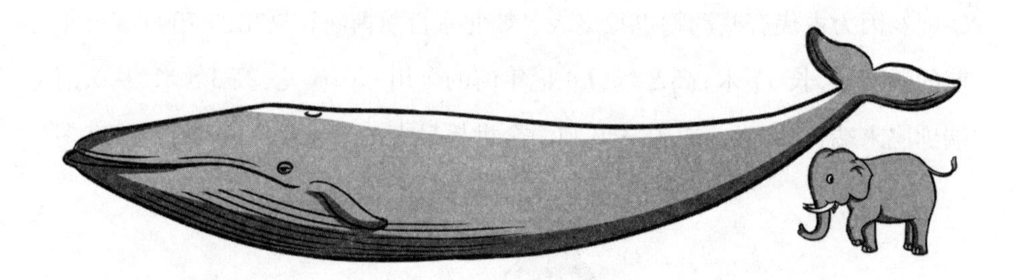

至于海生动物蓝鲸，尽管体重是大象的二三十倍，但是它仍然可以自由行动，因为海水负担了它的体重。如果它冲上陆地，就会被自己的体重压死。

曹冲称象

象这么大，一定很重吧！

是的。你听过“曹冲称象”的故事吗？

在我国东汉末年（公元 220 年前），南方的孙权给北方的曹操送来了一头大象。

“嗬，这么大的家伙，一定很重吧！”曹操摸着胡须，自言自语地说。

“一定是很重的！”旁边的文武官员附和着说。

“有多重呢？”曹操问道。

“总有几千斤重吧！”一个文官说。

“到底有多重呢？”曹操又问，“谁有办法称它一称呢？”

“我有办法，”一个武官说，“将它杀死，砍成好几块，分别称一称，再加……”

“哟，那多可惜，”曹操打断他的话说，“能不能称活的？”

“称活的？”文武官员想，哪有这么大的秤呀？这倒是个难题，一时间大家都不作声。

这时候，一个跟在曹操后面来看热闹的小孩，走了出来，说：“我有办法。”大家一看，原来是曹操的小儿子曹冲。

“你有什么办法，讲一讲吧！”曹操高兴地说。

曹冲说：“把象牵到一只大船上，看水升到船边什么地方，做上一个记号。然后把象牵走，在船里装上许多大石头，等船沉到做记号的地方为止。最后，把大石头分别称一称，加起来，就是大象的重量了。”

大家听了，都很惊奇，又觉得蛮有道理。于是，曹操命令大家，照曹冲的办法去做，果然称出了大象的重量。

曹冲能出这么一个好主意，利用水的浮力原理来称大象，大概他平常就注意观察空船高高漂在水上，而装载了东西的船就往下沉这些现象，加上他善于动脑筋，所以才想出这个好办法。

今天，我们只要把大象牵到磅秤台上，一下子就可以称出：非洲象最重八九千千克，亚洲象最重五六千千克。

灵巧的鼻子

我们喜欢看大象，还因为大象那条长鼻子有点“奇怪”。大象那条长鼻子由两条管子组成。它有消防水管那么粗，有扁担那么长(约 1.6—1.7 米)，长到可以垂到地面，重约 120 千克。

象鼻，说得准确点，应当叫作鼻吻，因为它是由鼻子和上唇合起来的。不过，象鼻是通常的叫法，并不算错，我们还是大众化一点，就叫它象鼻吧！

象鼻里面有没有骨头？有！它的基部有软骨支持，可是整个鼻子，是由 4 万条肌肉构成的，所以象鼻能伸能缩，舒展自如。象鼻里面还有丰富的神经，所以感觉灵敏，动作灵活。象鼻上端粗，下端比较细，末端有一个像杯子一样的东西，有两个鼻孔。

象鼻就是象的鼻子。它和人的鼻子一样，是呼吸器官，也是嗅觉器官。象的嗅觉可灵敏哪！如果顺风，它可以闻到 5 千米以外地方的异常气味。如发觉对它不利，它就闻风而逃。在干旱季节，它能闻到远处雨的气味，立刻向那儿奔去。另外，象的鼻子能够代替嘴唇、舌头尝味道，所以象鼻又是味觉器官。

象鼻也是象的“手”。象可以用鼻子伸到树上摘树叶、果实，从地上卷起青草、芦苇，送进嘴巴里。象鼻子很粗，肌肉发达，力气很大，它只要轻轻一卷，就能把一棵胳臂粗的树连根拔起来。象鼻子尖端，有手指般的突起，这是从它的上嘴唇变来的。亚洲象有一个突起，非洲象有两个突起。这部分感觉灵敏得很，可以从地上拾起一分钱硬币，或者一枚绣花针，甚至还能拔起钉子、解开绳结哩！

象鼻又是象的探测器和武器。走路的时候，象用鼻子当拐杖来探路。碰到"敌人"，它就甩鼻子。这一甩可厉害呢，可以把"敌人"打蒙，甚至可以打断"敌人"的几根肋骨。它还可以用鼻子卷起"敌人"。比方，它卷起一条鳄鱼，狠狠甩出去，再用脚将其踩死。

象鼻又是象的"吸水管"和"喷水管"，这也是大家很感兴趣的。一桶15—20千克的水，它"呼噜"一声，就可以吸个精光。天气热了，象常常用鼻子吸足了水，喷到身上。有时候，象干脆钻到水里，把鼻子尖露在水面上，照常呼吸。如果附近没有水，象就把鼻子放在嘴里，从嘴里取出水来，然后喷到全身。原来，大象真有办法，可以把大量的水存在胃里面。

大象用鼻子吸水，会呛到肺里去吗？不会的。象的鼻腔后面的食道上方，生着一块软骨。象用长鼻子吸水的时候，软骨将气管口盖上，水就进入食道，而不会进入气管，也不会呛到肺里去。当象用鼻子将水喷出以后，软骨又会自动张开，保持呼吸通畅。

顺便说一说，这里说象用鼻子吸水，而不是说象饮水。象饮水，通常是用鼻子吸水，再喷进口里，而不是由鼻孔直接吸进去。

象鼻不仅可以吸水，还可以吸沙。洗完了澡，象就用鼻子吸些沙土，喷在身上，好像我们洗完澡在身上扑点爽身粉，不仅凉快，还可以防虫子叮。原来，大象洗澡以后，皮肤血管扩张，发出一股气味，虫子就立刻赶来吸血。热带地方的吸血昆虫，口器特别厉害。有些地方，昆虫特别多，咬得大象又疼又痒。大象洗完澡，喷点沙土，沙土粘在皮肤上就可以防止蚊、虻蜇咬了。

当你在动物园里看大象的时候，你也许看到过大象把沙土喷在背上、喷

在头上，以为大象在调皮捣蛋吧，其实这是它的生活需要哩。

象鼻又是象的苍蝇拍。大象的皮虽然厚，可是毛很稀少，所以大象经常受蚊、蝇这些小东西欺侮。象尾巴又短又小，“鞭长莫及”，不能起到驱赶蚊蝇的作用。象除了喷点沙土防止蚊、蝇，还将鼻子甩来甩去驱赶，或者用象鼻子抓起一把树枝来驱赶。有时候，树叶或者脏东西落在象的背上，它就吸足气，用鼻子吹掉。

你看，象的鼻子不仅奇怪，而且用处真不小呀！

蒲扇般的耳朵

大象的耳朵像两把大蒲扇。特别是非洲象的那对大耳朵，大小占整个身体体表面积的六分之一，真是逗人。

大象的耳朵长那么大有什么用呢？

我们都知道，大象生活在热带地区，那里非常炎热。可是大象的皮肤厚达3厘米，要通过皮肤散热是很困难的。幸亏象耳的皮肤很薄，背面有密密麻麻的血管网，当气温升高的时候，象就扇动大耳朵，由于空气流动快，流经血管网中的血液温度就降低了。降了温的血液再流到全身，整个身体体温也跟着降低了。所以象的大耳朵是它有效的“散热器”。

任何动物的器官，绝不是为了逗人而长得多种多样的，而是和它的机能密切相关、互相适用的。大象的鼻子和耳朵，都是很好的例子。

大象牙

大象的大象牙，也使我们感到惊奇。

别的哺乳动物的牙齿，伸出口外的，如古代的剑齿虎，现在的野猪、麝的长牙，都是它们的犬齿；海象和一角鲸的则是它们的门齿。老鼠和兔的上下门齿没有齿根，终生生长，必须经常磨短，否则就合不拢嘴。然而所有这些动物的长牙，比起大象的来，都相形见绌。

大象没有犬齿。大象牙是象的一对上门齿。它们也没有齿根，终生不断生长，永不脱换。有人估计，非洲象的大象牙，在60年里一直长下去的话，雄象的会超过6米，雌象的也要长到5米。可是，事实上，大象牙经常裂开、折断，又逐渐磨光。这样，雄的非洲象大象牙最长只到3.49米，最重可到117千克；雌象的大象牙只有1.5米长。雄的亚洲象大象牙可长2.7米，普通的只有1.5米长，20—30千克重；雌象的象牙则不发达，不突出口外。

自古以来，象用它的上门齿凿断树干，挖掘树根，或者用它来凿开硬果壳。走路的时候，象就经常用它来插入地面，看地面能不能支持自己身体的重量，以免陷进地里去。在上很陡的山坡时，象就屈下前膝，用两支长牙做支柱，用后腿往上蹬。遇到敌人，象牙也是象的武器。

由于这样长期适应，大象的牙就长成特别长的大象牙了。

在一般人看来，所有大象都没有什么区别，但是在象群中生活久了的人，就能看出它们也是各不相同的，主要根据大象牙和耳朵来区别。

自然博物馆里的大象

磨子似的臼齿

大象除了一对大门牙,嘴里还有臼齿。

动物园里的大象不肯张开嘴,我们看不到它的臼齿,我们只得上自然博物馆里去看。

啊！大象臼齿这么大,这么重,这么复杂！它像一个长的磨盘,所以人们又叫它磨齿。大象咀嚼食物的时候,就是用这上下磨齿互相研磨,把树枝和草茎磨成碎屑,再吞到胃肠中去消化和吸收养料的。

磨齿为什么能研磨食物呢?

你见过磨盘吗？磨盘上有一道道的脊棱,上下磨盘的脊棱互相挤压,就把粮食磨碎了。大象的磨齿也是这样工作的。

磨齿,在没有磨蚀的时候,外面整个包裹着一层水泥质,一个齿脊也看不到。一经研磨,齿脊就露出来了。齿脊最外层是光亮结实的珐琅质。珐琅质层里是象牙质层,它和大象牙有一样的结构和成分。

水泥质层最软,象牙质层较硬,珐琅质层最硬。软的磨损快,硬的磨损慢,所以咀嚼面上总是形成一条条横的脊棱。

磨齿，是通俗的叫法，说得科学点，应当叫臼齿。

大象的上下牙床每边各有6个臼齿(包括3个乳齿、3个恒齿)，上下左右，总共有24个臼齿。

哟，这么大、这么重，还这么多的臼齿，排在牙床上，摆得了吗？经得起吗？

别着急！这24个臼齿，不是一齐长出、同时使用的，而是上下左右各一个，4个一套，依次长出，轮换使用的。

为了说明大象臼齿的生长顺序，我们先了解一下人的出牙情况。

婴儿出生后7个月左右，下牙床2颗门齿开始萌出。1—2周岁，上下每边各5颗奶牙(包括2颗门齿、1颗犬齿、2颗前臼齿)，总共20颗奶牙，就全部萌出了。到了6—7岁，这些奶牙一颗一颗地自己脱落下来，换出新的牙齿，以后再也不换了，这叫作恒齿。除了新换的20颗牙齿，接下来还陆续长出12颗臼齿。而上下左右最后面的一颗臼齿，要到17—30岁才长出来(有的人一辈子也不长出来)。这时候的人,经过长期学习,有了一些智慧,所以把它叫作智齿。

总的来说,幼年期是全副奶牙在工作,成年期是全副恒齿在工作。

大象可不是这样。除了前面的那对大象牙永不脱换,其余的都是按期脱换,轮流使用的。

一般说来,幼象刚出生,开始长出头三颗乳齿。1岁以后,第一颗乳齿就掉了;4岁掉第二颗;8—9岁掉第三颗。这时候,第一臼齿出来了,要到20—25岁才脱落,开始使用第二臼齿;60岁第二臼齿脱落,长出第三臼齿以后,就不再更换了。所以,9岁以后,上下左右每一个牙床上,都只有一个臼齿(或者半个前面的、半个后面的臼齿)在工作。

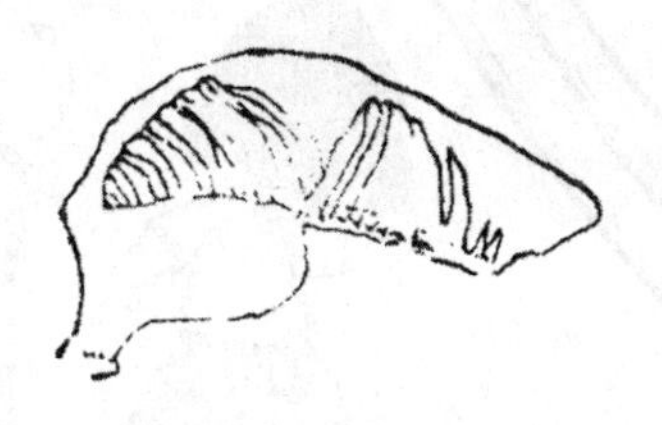

后面的牙齿,是随着前面牙齿的逐渐磨蚀、脱落而向前推出、替换的。上牙床的牙齿向前下方推出,下牙床的牙齿向前上方推出,使磨齿斜斜地研磨着。一般说来,前面的牙齿小些,后面的牙齿大些。最后一个恒齿,又大又重,就像一个长形的大磨盘。

巨大的脑袋

大家看:象的头骨多么大啊! 跟它那庞大的躯体很相称。

象的头骨多么结实啊! 和头骨上那些附属物也很相适应。

想想看,一对大象牙有几十千克到百把千克重,四个臼齿也有好几十千克重。这需要多大而结实的上下牙床,才能装得住它们啊! 不仅如此,大象牙还要作为挖掘的工具、御敌的武器，臼齿还要长期有效地研磨食物，这就需要强壮的面部和颈部的肌肉。

象有一个大而灵活的鼻子，这也需要强大的面部肌肉来牵动。

另外，象有一个巨大的脑子。它的容量有 6700 毫升，是我们人的脑子的四五倍，是陆生动物中最大的脑子。象还有各种发达的感觉器官，都需要很好地保护。

总而言之，象得有这么个大而结实的脑袋，才能和头骨上那些附属物相适应。

象的头骨这么大而结实，当然也是很重的。

象头骨的外壁相当厚，中间又发育了许多互相沟通的空洞。这样，头骨重量就大大减轻，还能保持它的坚固性。脑子呢，隐藏在巨大的头骨中央。

象的头骨还有一个特点，就是头高面骨短。别的动物头高，主要是面骨长。例如马，就是这样。马脸长，因为它是用嘴去取食物吃，又有一整套用来嚼草的磨齿。一整套磨齿同时摆在上下牙床上，面骨就相应加长了。可是象用鼻子将草送到嘴里，上下左右每一个牙床上只有一个磨齿，所以面骨就相应地短了。

柱子似的腿

很多陆生吃草的野兽，腿都是细长而曲折的，特别是那些快跑的动物——马呀、鹿呀、野牛呀、野羊呀，更是如此。只有那些肥大而笨重的动物，如犀牛、河马之类，才具有短而粗的腿。

大象的腿却又长又粗壮，也很直，像四根肉柱子，支撑着它那庞大的身躯。

它的脚倒特别短宽，脚底有厚的肉垫，前脚五个脚趾，后脚四个或三个脚趾。大象的脚印像个圆盘。当它踏进泥沼地面，脚就膨胀变大，不会陷下去。它在燃烧的草地上行走，也毫不惧怕。

自然博物馆有一张图，这是一张象腿和马腿的比较解剖图。从这张图可以明显地看出来：象腿上部分长，下部分短；马腿上部分短，下部分长。这是和它们的躯体和生活相适应的，也是合乎力学原理的。因为马的躯体轻便，腿下部长，跨度大，奔跑起来，“所向无空阔”“风入四蹄轻”。而象的躯体庞大，腿主要用来支撑，而不是快跑。大象以前腿为支点，稳定平衡，走起路来，从容稳重。当然，由于大象个子大，野生的象赶起路来，大步向前，速度也是相当快的，每天可以走 80—120 千米。如果被追击，它还可以跑得更快。

统一的有机体

每只动物都是一个统一的有机体，身体的各部分，互相联系，又互相制约。

大象身躯庞大，有四根强壮的、肉柱子似的腿支撑着，静止时稳如泰山，行走时快如疾风。

它庞大的身体和巨大的活动量，需要大量的食物来维持身体的新陈代谢。它的长鼻、象牙和高大的磨齿，保证了食物的供应。

象的食物是树叶和草类，也就是说，它是以植物为食的。

吃植物的兽类，一般说来，比吃肉的兽类身躯高大。它们都有较长的腿。身体高大，向上采摘树叶方便了，但是向下采食地面的草类距离加大了。

这个矛盾怎么解决呢?

一般的动物如马、牛、羊、鹿、骆驼等，是通过伸长的脖子来干这一“工作”的。长脖子保证它们的嘴够得着地面。否则，它们就得趴在地上了。

颈长了，就得有强大的颈部肌肉，才能使头抬起来。头重的，如水牛和鹿的头上长有笨重犄角的，颈部肌肉特别发达。

象的头更沉重，如果它也是长颈，颈肌发达也不行，非得在肩膀上再装个小起重机不可，好让头能抬起或低下。幸而象在长期的适应中，发育了轻巧灵活的长鼻，可上枝头摘叶，可下地面拔草，吸水驱蚊，非常便利。

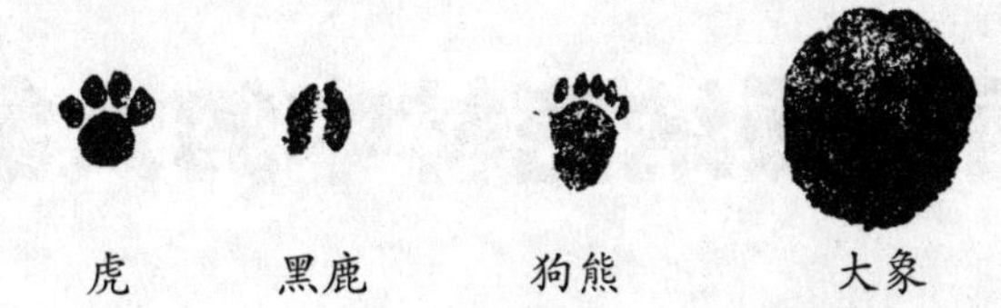

由此看来，大象虽然是这么一种独特而奇妙的动物，但是它的各种器官和功能，仍然是互相关联，有机统一的。这是它长期适应生活环境的结果。

西双版纳密林中的大象

大象的家乡

现代的两种象,一种叫非洲象,一种叫亚洲象。

非洲象,顾名思义,产在非洲,生活在森林草原地带。它躯体高大,背部最高,头顶平滑。耳朵特别大,差不多有 1.5 米长,向下低垂着,约重 80 千克,占身体体表面积的六分之一,是很好的散热器。天热起来,非洲象就将它们当大蒲扇扇动。鼻尖有两个指状突起。雄象雌象都有发达的象牙。前脚 5 个脚趾,后脚 3 个脚趾。臼齿齿板比较少,珐琅质脊呈菱形。这种象过去认为不容易驯服,直到 1914 年,才有人在非洲扎伊尔的康卡尔驯服了第一批非洲象,用它们驮人和拉板车等。

非洲西部密林里,还有一种"倭象"。它是非洲象的一个地方亚种,肩高只有 1 米多,背部高 2.2—2.5 米,门牙只有 50 厘米长,后脚有四趾。

亚洲象,顾名思义,产在亚洲。很多南亚和东南亚国家,如印度、巴基斯坦、孟加拉国、斯里兰卡、马来西亚、泰国、缅甸、越南、老挝、柬埔寨都有这种象。亚洲象生活在森林里,躯体比非洲象小些,头部最高。前额左右隆起的两大块,叫"智慧瘤"。耳朵比较小,向上扬,呈三角形;鼻尖只有一个指状突起。雄象的象牙比雌象的发达一些。臼齿齿板比较多,珐琅质脊呈条带形。前脚五个脚趾,后脚四个脚趾。这种象比较容易驯服。

总之,不论是非洲象还是亚洲象,都生活在热带、亚热带地区。

我国古代很多地方都生活过大象,它们都属于亚洲象。

化石发掘显示, 在 10 万年前, 我国山西襄汾丁村, 就生活过亚洲象; 在 6000—7000 年前的浙江余姚、广西南宁,5000 年前的福建惠安,3500 年前的河南安阳, 都生活过亚洲象。据古气象学研究, 在距今 7000—2500 年间, 黄河以北比现在的淮南、江南还热,而长江流域则和现在的热带一般,所以那时候大象分布到我国北方是不足为奇的。

根据考古发现, 我国古代人把象和其他东西的形象刻在牛骨、乌龟壳上面,后来就变成一种文字,叫作象形文字。自从人们用金属制造器皿后,又把象的形状铸在钟鼎上面。

1. 象形文字中"象"字的变迁。最后的形式是 1800 年前的。

2. 3700—3800 年前,商代铜器上的象。

3.3500年前,铸在钟上面的象。

4.3000年前,周代铜器上的象。

5.约3000年前,周代杯子上印的象。

6.象头,云南省土族的象形文字。

根据历史记载,我国北方,如山东、河南,在公元前600年,还生活过大象(但也有人怀疑)。河南简称“豫”,意思就是人牵着象,说明那里曾经是大象的家乡。到公元1077年,在我国南方,福建漳浦以南40千米的地方,还有象群在活动。

现在我国南方，只有云南省西双版纳密林中，还有野象群生活着。

我们到西双版纳密林中去考察一下大象吧！

大象的生活

据西双版纳的老猎人说，吃植物的动物，大都过群体生活，依靠群体的力量，对敌斗争，与自然斗争。大象也是这样。

大象成群生活，当食物缺乏的时候，就分成一二十头的小群；当食物丰富的时候，就结成一两百头的大群。一群有一个领袖，通常是由富有生活经验的老年雌象担任。它走在队伍的前面，负责探路，用鼻子和象牙试试路面是否经得起它们庞大身躯的重量。另一些体大力壮的雄象则散布在象群的周围。年幼体弱的走在中间，受到保护。象群的这种坚强组织，连老虎、狮子也敬而远之。相反，如果象仔脱了群，就有被老虎、狮子吃掉的危险。

大象怕太阳晒，喜欢在白天休息，早晚活动。夏天，大象喜欢游泳，每小时可以游2—3千米，连续游5—6个小时，多宽的河也拦不着它。

象群一路走着，一路吃着路边的树叶嫩枝，吃着地上的青草。芦苇、竹笋又嫩又香，甘蔗、水果又甜又脆，大象都很喜欢吃。

大象是吃植物的，但偶然碰上蜥蜴之类的小动物，它也不客气地用鼻子卷过来送到嘴里，当作点心。

动物都要吃些盐，这是它们健康上少不了的营养。大象也是这样。野生的大象，每过一段时期，就要到海滨或盐池边，吃一些经太阳蒸发自然生成的盐。有些地方的老百姓，把象当作神来敬，经常在它经过的路上撒一些盐，敬供它们。

驯养在动物园里的大象条件就好多了。为了供给它们各种营养，饲养员就喂大米、麸皮、糖、骨粉、白菜、稻草、树枝、青草等给它们吃。参观动物园的人们，经常看见大象在吃干草。它用鼻子将干草一把一把地卷起来，摔摔打打，理得整整齐齐的，然后送到嘴里，津津有味地吃着。它一天有四分之三的时间在吃东西。一头体重 3 吨的象，每天要吃 100 多千克饲料，喝 100 多千克水。如果是野生的象，每天至少要吃 200 多千克食料，产生的热量相当于 30 个人散发热量的总和。有人统计过，大象一夜间能够吃掉 226.8 千克的草料，饮下 227.2 升的水。

有一次，瑞典首都斯德哥尔摩举行了一次比赛。一头大象为一方，50 个大学生为一方，看谁吃的香蕉最多。结果，大象一小时吃了 550 根香蕉，而 50 个大学生总共才吃了 450 根。

大象很爱活动，即使站在那里，也不停地点头摆脑前摇后晃。如果它不大活动了，长鼻子拖在地上，小尾巴耷拉着，细眼睛半睁着，就说明它身体不大舒服了。

象睡得很少，一天 24 小时之内，很少睡过 4 小时。

大象经常站着睡觉。它们排成一圈头朝外，保护着中间的小象。因为它们的身体笨重，躺倒了再爬起来，容易遭到敌人袭击。这样一代传一代，它们就养成了站着睡的习惯。睡的姿势是四肢伸直，长鼻卷曲，用象牙拄在地上。当然，只要安全有保证，大象也不是永远站着睡的。例如，象在动物园里这样安全的地方，经常在后半夜，趴下睡觉。但是，只要有一点光线或者声音的刺激，它就能立刻站起来。

大象发声吗？发声。大象睡熟的时候，发出很大的鼾声，很远都可以听见；在激动时，常常打响鼻；受了伤，就发出号啕的声音；在群居时，发出呼哧声或呼噜声，互相打招呼。大象狂叫起来，声音像吹喇叭。

美国科内尔大学的动物学家凯瑟琳·佩斯，曾经因研究鲸的语言而闻名于世。有一天，她正在波特兰市动物园里观察一组大象，忽然感到有种近似管风琴的最低音，她猜想是否和大象有关。

她经过进一步观察和仪器测试,证明某一头象前额的鼻腔和头顶交接处的轻微震颤,能引起象群的某些活动。这是一种低频率的次声波,它低于20赫兹,也就是每秒钟振动20次以下,一般人听不见,也没有发现过能发出这种声波的陆栖动物。

后来,在非洲野生动物园里,佩斯又发现,当幼象吼叫的时候,象妈妈用这种低频音乐为它"哼摇篮曲"。象群中的长者呼唤迷路小象归队的时候,也是用的这种奇怪的声音。

看来,松散的象群能够步调一致,配合默契,过有组织的集体生活,全靠这种"秘密电话"在起作用哩。

生儿育女

大象是一种生长繁殖得很慢的动物。我们拿它和小蚜虫比比吧!

一只蚜虫生出来,4—5天就能长大,并且开始生小蚜虫。假设一只蚜虫一生生50只小蚜虫,两个月繁殖10代,原来一只就将繁殖到10亿亿只。一年之内,它们就可以将地球密密盖满一层。

可是一头母象,在野生状态下,从10多岁到70多岁,才生6头小象,平均10年才生一头。怀孕期也很长,长达18—22个月。

英国生物学家达尔文(1809—1882)曾经计算过,按照这个速度,经过740—750年,一头母象的后代就有1900万头。如果这样繁殖下去,在不太长的历史时期内,整个地球就要被大象塞满。

达尔文想说明什么呢?他想说明,即使像大象这样繁殖很慢的动物,如果条件有利,不断繁殖,结果不用多久,就会多得不得了。那么,像小蚜虫那样繁殖快的生物,就更不堪设想,会挤得别的生物无处容身。

可是实际情况怎样呢?

现代象从第一代到现在有200多万年了,它的历史差不多和人类一样古老。开始的时候,它的个体数字比人类的多得多。可是现在呢?世界人口60

多亿,遍布地球的每个角落,而非洲象只分布在非洲,亚洲象只分布在亚洲南部和东南部一小块地方,个体数字比人类的少得多(非洲象只有 40 多万头,亚洲象只有 4 万头左右)。

为什么现代象经过 200 多万年,它的“子孙”没有把地球塞满呢?同样,为什么任何一种生物也没有独霸整个自然界呢?

达尔文认为,原因在自然界内部,这是生物同环境之间矛盾斗争的结果。生物个体要能生存下去,必须跟环境做斗争,跟不同种生物做斗争,跟同种生物的其他个体做斗争。在生存斗争中,有些生物具有一点儿有利的变异,它就把这点儿变异遗传下去,整个种族就兴旺发达起来;而那些具有有害变异的生物,就将在斗争中减少数量,甚至绝灭。这就叫“适者生存,不适者淘汰”。达尔文称这种作用叫“自然选择”。

母象非常爱护它的孩子。

临产前半个月,象妈妈食欲减退,产仔的那天吃得更少,连睡觉也不躺下,总是不安地来回走动。当它生小象的时候,它突然大叫几声,胎儿就下地了。产仔以后半年多,象妈妈还不肯躺下睡觉,只用鼻子支撑着身体或者靠在墙上打个盹。

小象生下来,是一只“肉球”。母象将它踢破,将胎膜掀掉,小象才能钻出来。

小象刚生下来,就有 1 米左右高,85—110 千克重,全身长着细长的胎毛,要经过两三个星期,胎毛才渐渐脱落,只剩下头上和背部一些稀疏的毛。

小象刚生下来的头两天,腿很软,站不起来。象妈妈就用鼻子兜着小象的肚子,扶它站起来,然后把鼻子放在小象背上,指点它走路。而象宝宝胆小害羞,碰到一点儿风吹草动,就立刻钻进母亲怀里。

小象鼻子很短,只有 40 厘米左右,还不会使用,甚至觉得有点碍事,就把它伸到水里吹水泡玩。它也没有大象牙,直接用嘴吮吸母象的奶。它前六个月完全吃奶,刚生下的头几天,每天要吃 200 多次。象奶营养丰富,含的蛋白质是牛奶的五六倍。7—8 个月，母象给小象喂一些柔嫩的枝芽，小象 1 岁以后，才慢慢断奶。

当蚊蝇侵扰的时候，象妈妈就用长鼻子卷一些稻草，在小象身上抽打，把蚊蝇撵跑。当小象要离开妈妈，到处玩耍，母象就用鼻子揪着它，或者大叫一声，把它喊回来。

小象要长到 14—15 岁才开始成熟，以后继续成长，直到 25 岁左右，就不再长大了。

长寿的动物

一般说来，动物成熟期长，寿命也比较长。

从前人们认为：象是一种长寿的动物，可以活到八九十岁以上。俄国生物学家梅契尼科夫（1845—1916）说象可以活到 150 岁。这可能是个别的情况，就像人也有活到 150 多岁的。还有人说，大象中最高寿可以超过 200 岁。

现在有人调查：野生非洲象，平均寿命只有 15 岁，动物园的非洲象没有超过 40 岁的。亚洲象大多活不到 50 岁，从来没有活到 60 岁的。这又未免偏低了。

如果按 50 岁算，大象在哺乳动物中也算长寿的了。这只要举一些常见的哺乳动物来比较一下就知道了。马、犀牛、河马、黑猩猩一般活到 40 多岁，牛、熊、猴子、狮子只活到 30 来岁，羊、狗、野猪、老虎只活到 20 岁左右。

其他类动物生活方式不同，不好比较。这里只举几个例子：梭鱼有活到 267 岁的，乌龟 175 岁(深海中的龟据说有活到 800 岁的)，苍鹰有活到 162 岁的。至于植物，“山中也有千年树”，龙血树甚至活到 1 万岁。据说，野生的老象感到自己的身体实在不行了，就离开集体，独自步行到森林深处，人迹罕至的地方，安静地待着，迎接死亡的来临。那地方被称为象的公墓，有着大量的象骨。从前，商人为了找寻珍贵的象牙，总是想方设法去寻找象的公墓，去那里可以找到大量的象牙。

这种说法是不符合事实的。

野生的老象离群索居,通常去到河流上头,那儿食物比较丰富,生活比较安定,而不是去等死。

象死了以后,尸肉就被鹰鹫吃光了。象骨被雨水冲积,有可能堆积在同一个洞穴里。这就是“公墓”说法的来源。

至于象牙,经常被活着的象弄下,抛出约1000米远,在岩石或树干上摔碎。要不然,经过风化,它也会很快就裂成碎片,不可能长久保存完整,除非死后立即埋葬起来,变成化石,才得以完整保存。

大象为什么比别的哺乳动物长寿呢?

一方面和它对环境比较适应有关,同时,它的牙齿使用方式也帮了很大的忙。

原来,草根、树皮等植物性食物是很费牙齿的。别的动物,它们的一套恒齿,差不多是同时长出,一齐使用的。这套牙齿磨完了,它的寿命也就差不多了。

可是大象不同,它的磨齿又大又高,磨的时候斜着磨。更重要的是,它的磨齿不是同时长出,一齐使用的,而是一个接着一个长出,依次使用的。最后一个最大最高的磨齿,要到五六十岁才开始使用,还能对付好几十年。所以,如果没有特殊情况,大象就能健康地活下去。

当然,大象也会生病。在野外,在密林中行走,有凶猛的野兽袭击,它会受伤;寒暑燥湿超过它抵抗的限度,微生物、寄生虫乘虚而入,它就要生病,以致夭折。

在动物园里,象吃得多了,吃得不合适了,它会胃痛;在湿热气候下生活惯了,到了北方动物园,气候干冷,它的脚就会干裂;等等。

新中国成立后不久,人们在北京西城区国会街的地下,挖出了亚洲象的一个下牙床。这个牙床比一般的大点。经研究才知道:这是由于第二下臼齿还没有磨完，第三下臼齿提前挤到第二下臼齿的外侧，使得这个下牙床肿胀起来。

国会街是明朝以来皇帝的养象房，可能在人工饲养下，食物由粗糙变为细致，第二下臼齿没有磨蚀完，第三下臼齿已经到了萌出的时候，因而发生了上述严重的病态。这些疾病，会影响大象的健康，因而缩短这只象的寿命。

人和象

从“大象怕老鼠”谈起

传说，大象怕老鼠。还说老鼠小而灵活，大象用鼻子去抓它，它就钻进象鼻子里去了；要不然，老鼠还会沿着象腿，爬到象的头上，钻进象的耳朵里。

这传说流传很广，几乎传遍世界。

真是这样的吗？不，这是不合乎科学事实的。

大象的鼻孔、耳壳都可以关闭，老鼠不可能钻进象鼻子，象也不会让老鼠钻进它的耳朵。德国科学家贝·克希梅克做过实验，将老鼠放在大象面前，看大象怎样对待。结果，象一点儿也不害怕，还常常伸出长鼻子，去嗅嗅这些小动物。

除非在一种特殊情况下，比方说，象年纪很小或很大，身体很弱，小老鼠才可能去伤害大象，但也不见得采取钻入耳鼻的方式。

有一次，海京伯动物园里发生过这样一件事：人们从非洲运来了一批动物，其中有几头年轻的象。因为路上走的日子太久，动物关在笼子里不动，非常困乏。大家便把动物放进一间房里，然后都睡觉去了。

夜里两三点钟的时候，一位老饲养员跑来告诉海京伯，说一头新来的象，喉咙里发出了一种奇怪的声音，恐怕是生病了。海京伯跑去看，发现象的脚掌被咬了几个大洞，正在流血。工人们说："一定是老鼠干的。"于是拆去旧地板，在地板底下发现许多老鼠，他们一口气就打死了60只大老鼠。

但是，在正常情况下，大象除了人，什么都不怕。

那么，象为什么怕人呢？象的体力不如人吗？打不过人吗？不，因为人比象聪明。

为什么人比象聪明呢？象的脑子不是重4—5千克，重量是人脑的两倍吗？

象的脑子虽然比人的大，但是按脑子与身体的比例来说，又比人的小。人的脑重占体重的1/60—1/34，可是印度象的脑重只有体重的1/560。

问题还不单在脑子大小。人有两手，能劳动，会制造工具，有语言，能思考，人的脑子比象的脑子发达。

我们不和象斗力，而和它斗智。象斗智斗不过人，因而被人征服了。

大象学校

非洲象性情暴躁，不容易被驯服。到非洲去看大象以及别的野兽，不是把它们关在笼子里看，而是把我们自己关在笼子里(坐在小轿车里)，到森林草原里去看。

亚洲象性情比较驯顺，可以把它捕捉起来，加以驯养。人们驯养亚洲象有1000多年的历史，不过在驯养状态下，很难使它繁殖下一代。新中国成立以后，亚洲象才在我国动物园里繁殖成功。例如：北京动物园里的母象，就生过三头小象——京生、增生、连生；上海动物园里，一头叫"版纳"的母象，也生了一头小象"依纳"。

泰国有专门的驯象学校。学生就是大象，每天学习4个小时，接受各种基本训练：各种精彩表演、搬运重物、堆放木料、采摘水果，等等。这样要学习3—4年。

大象毕业以后，由政府分配工作。

在学校里生的小象,就被送进“幼儿园”,接受幼儿教育。

印度尼西亚办了三个大象训练中心,每年可以训练出 120—150 头大象,每头大象的训练费用需要 2409—6024 美元。经过训练的“毕业生”才出售给世界各地的马戏团和动物园。

根据史书记载:在明清时代,北京皇宫里驯养着象,供贵族赏玩。

三伏天,象奴牵着大象到宣武门外护城河里洗澡。仪仗队前呼后拥,鼓乐吹吹打打,看的人在大路两旁挤成人墙。这时候,大象用长鼻子表演杂技,模仿号角发出呜呜的声音,非常逗趣。后来,这条街还叫象来街(现在叫长椿街)哩!

从动物园到马戏团

人们把大象驯养起来,把它送到动物园里去展览。它个儿大,形态奇特,又能表演，所以人们都喜欢到动物园里去看大象。

大象对动物园习惯了，和饲养人员熟悉了，就能够按照饲养人员的指挥来生活。

在天气晴朗的日子里，象房的门开了，大象随着饲养人员走出象房门，到广场上去散步，或者在饲养人员指定的柱子旁，举起一条前腿，让饲养人员用铁链套上。

在饲养人员的训练下，大象还可以表演一些节目。我们到动物园去，有时看见大象用鼻子抓起一只口琴吹着，发出“铿——铿”的和声；有时看见它抓起一个铃儿摆晃，发出“丁零丁零”的声音；有时看见大象用鼻子提水桶，满满的一桶水，大象用鼻子轻轻一抓就抓起来了。

人们还把驯养的象送到马戏团里去，加以训练，大象表演的节目就更精彩了。

它们排成队走上舞台，高高举起鼻子，向观众致敬。

两头大象用鼻子抓起一根绳子甩动，一头小象在中间跳绳。它们还会踢足球，跳迪斯科。

一头肥胖的大象用四条腿站在一个大圆球上面，保持平衡，不会掉下来。它有时站在木凳上，三足鼎立，两条后腿并立，甚至一条腿“金鸡独立”。

接着，它又站在一个圆桶上面，用脚踏动，使圆桶向前、向后翻滚。

最精彩的是大象表演做算术。答案是“20”以下的四则运算题，它都可以做出来。答数是多少，它就用鼻子抓起一根鼓槌敲几下鼓。

当然，大象(以及所有动物)并不会做算术，这是人们用暗示的方法反复训练出来的。不过，大象做得非常熟练，可见它是非常聪明的。

观众看了这些节目，高兴地鼓起掌来。

大象又高高举起鼻子，向观众谢幕。

大象想自杀

挪威玛兰诺马戏团有一头印度象，名叫丽兰。1987 年 7 月底，马戏团巡回演出，来到查路姆村。有一晚，丽兰和一对小丑一同表演华尔兹舞，由于舞步古怪，丽兰憨态可掬，逗得满场笑声不绝。

不幸的事情发生了。一个名叫华金的小孩，偷偷溜进表演圈里，跑到丽兰的背后。当丽兰按照音乐节拍后退一步的时候，它正踏在华金身上，踏断两根肋骨，华金立刻昏迷过去。马戏团立即叫来救护车，将他送到镇上唯一的医院去救治。

散场以后，丽兰不吃不喝，行为异常。第二天中午，管理员带它到河边散步，想让它松弛一下紧张的神经。不料一到河边，丽兰竟像脱缰之马，冲进水里，向河心奔去。管理员心感不妙，立刻大呼人们前来搭救。

马戏团老板玛兰诺到达以后，立即下水将绳索套在丽兰颈上，同时叫众人合力向岸上拉，可是丽兰仗着它6吨的体重，拼命抵抗，不肯就范。

玛兰诺完全明白是什么道理，于是叫众人拉住丽兰不放，自己飞快跑往医院。半个小时以后，一辆救护车开到了河边，人们从车内用担架抬出了满面笑容的华金——他的伤已经得到抢救，不会有生命危险了。

丽兰一见华金出现，也就不再抗拒，随着众人登上河岸，引来围观群众的齐声欢呼。

挪威动物心理学家到现在还无法理解，丽兰为何会出现这种自杀行为。

“工人”“农民”和“士兵”

象是一种非常强壮和聪明的动物，人们饲养大象用来做工。

在印度，人们训练它搬运木材。50多千克重的木材，它用鼻子轻轻一拎就提走或拖走了，像一台活动的起重机。有时它还用头顶或用脚踢着木材向前翻滚。

如果木材很长，便由两头象一个拎起一头，并肩前进，搬到指定的地方。

有时，人们用绳子将木头绑起来，绳子另一头套在象的脖子上，像牛拉犁，让象运木柴。一头大象可以拖动2—8吨重的木头。

象不仅可以帮人们做工，还可以帮人们种地。

我们只听说过牛可以拉犁，翻松土壤。但有的地方，训练象帮着翻土。象是用象牙将土掘松，或者把树根从土中掘出来。

我国古代有这样的传说，4000多年前，舜在历山种地的时候，曾经驯服过象，让它来帮忙种地。又有的说，舜在南方，象曾替他耕地。可是也有人不相信，像东汉的王充（约27—79）就说，象只是自己在地里走，像耕地的样子，泥土踩烂了，人们随即播种罢了。

我国古代还有这样的传说，5000多年前，黄帝曾经用象驾车。可是5000多年前，车还没有发明，所以这个传说是不可靠的。

到了1700年前的晋代，就有“象车”的正式记载了。据说晋朝皇帝出巡，用象车在前面开路，用来试桥梁结实不结实。这应当是可靠的事了。

古代历史书上，还记载着用象打仗的故事。

《吕氏春秋》中说：“南人服象，为虐东夷。”南人是夏族的支派，殷周时代居住在江汉间，常常用象阵侵略淮河以南的东夷。后来，周公南征，攻破了南人的象阵。周公南征大约在公元前1060年，所以历史学家认为：最早用象打仗是在中国。

《左传》上记载着，春秋时候，吴国打败楚国，一直打到楚国都城郢(现在湖北江陵一带)。楚王派人赶来一群象，鼻子上绑着刀，尾巴上绑着火把，让象冲锋陷阵，把吴国部队赶跑了。时间是在公元前506年。

公元23年，新朝王莽的军队中有虎、豹、犀、象作战，但最后还是被刘秀打败了。

《旧唐书》上记载，真腊国(现在的柬埔寨)有战象5000头。在和邻国打仗的时候，他们就将象队放在前面。象背上用木头做楼，上面坐着四个人，都拿

着弓箭。

在国外，最早用象打仗是在公元前326年，马其顿国王亚历山大侵略印度，印度人用象队进行反抗。

西方也有迦太基人用象同罗马人打仗(前264—前146)的记载。公元前220年，汉尼拔带领象队越过阿尔卑斯山脉，使罗马人大为惊慌。

现在在泰国素林市，每年11月第三个周末，都要举行盛大的赛象会。赛象会的最后一个节目是“古代象阵表演”。场地两端，排列着许多穿着古代战服的士兵，士兵后面是参加战斗的象群，指挥官打着伞坐在象背上指挥作战，重演泰国古代象战的情况。

象可以骑，像我们骑马，而且可以骑好几个人。在印度，有的医生骑着象去看病人。

印度从前的国王或酋长，骑在象背上，或者在象背上安上座位，像轿子，坐在“象轿”里出巡，再加上前呼后拥的仪仗队，那是够威风的了。

近代人还出租过“象轿”，像出租骡、马。

当然，这些都是过去的事了。现在有了起重机、小轿车、拖拉机和坦克，就用不着象来做这些事了。

象“保姆”和象“渔夫”

人们训练过象当“保姆”，白天，大人出去工作了，就把小孩交给象照顾。

象当保姆，倒是非常尽职的。

它看护着小孩，不让他给磕痛、碰伤，更不让他被野兽或坏人欺侮。小孩如果爬出摇篮，大象就用鼻子把小孩“抱回”原地。它会用鼻子卷起小树枝，左右摇摆驱赶蚊蝇。更奇特的是，它会衔着主人给它的钱，到水果摊买几根香蕉，哄劝哭闹不息的顽皮孩儿。

它还让小孩骑在它的鼻子上，打秋千玩。

总之，大象是非常爱护小孩的。

曾经有这么一个故事。在印度的一个城市里，一个贫苦的妇人，带着小孩，在市场上摆货摊，出售水果。有一头象经常走过货摊，它总要停下来，看着她的货摊。这个妇人知道象喜欢吃水果，每次拿点水果给它。

有一天，不知为什么，大象生气了，跑过这个市场。好多人都吓得跑开了，他们害怕这头发怒的大象。这个穷妇人也离开货摊跑开了，可是她忘记她的孩子还坐在货摊旁的地上——象会踩死他的。

然而，这头聪明的大象认识这个妇人的孩子。虽然它在生气，可是当它跑到小孩身边时停住了。它看看小孩，再用鼻子轻轻地把他卷起来，小心地放到一个非常安全的地方去。

人们还训练大象钓鱼。

有一个印度小朋友，他家里养了一头大象。有一天，小朋友带着大象去钓鱼。大象站在小孩旁边,用鼻子卷住一根钓竿,学着钓鱼。它一动不动,两只小眼睛注视着钓丝,等呀等呀,等了好久。它忽然看见浮标向下一沉,立即机灵地举起钓竿,钩子上钓着一条大鱼,一摆一摆地。大象高兴地叫了起来,意思是要小孩取下鱼儿,重新装上鱼饵。

小孩取下了鱼,放在鱼篓里,又自顾自钓鱼去了,没有替大象重新装鱼饵。大象知道没有鱼饵钓不到鱼,就轻轻地叫唤,还把饵盒送到小孩面前。直到小孩给它装上鱼饵,它才安静,继续高高兴兴地钓起鱼来。

大象“画家”和“警察”

有一头雌大象,名叫西丽。

1976年,动物学家登·莫尔发现西丽居室的水泥地板上有一些线条和图案。原来这是西丽晚上用长鼻捏紧一块鹅卵石画出来的。

1980 年，大卫·古克华负责照看西丽。有一天，他递给西丽一支木工铅笔，还在它前面搁了一叠白纸。西丽用象鼻捏住铅笔在纸上画了一下，纸上立刻留下了一道画痕。西丽兴趣大发，立刻动笔画了起来。不一会儿，它就完成了它的处女作——几条弧形和梨形的断续线条。

以后，西丽使用铅笔、蜡笔、画笔和颜料作画 200 多幅，技巧越来越高明，后期的作品比前期的大有长进。

大卫·古克华将西丽的几幅画送给抽象派绘画大师、美术教授杰罗姆·威特金去鉴赏。威特金大加称赞。他说："这几幅画真是太扣人心弦了，是不可多得的上乘之作。我的大多数学生画不出这样的杰作来。"

以前我们总是说"人能创造，动物不能创造"。西丽作画的新闻，给动物行为学家提出了"动物的艺术本能和动物的心理活动"等新的研究课题。

印度南方一个名叫斯里兰格姆的城镇，有两头大象进入菜市场维护交通秩序。它们在熙熙攘攘的菜市场内有条不紊地工作，把那些乱摆放的自行车都集中到一个角落里，以维持交通秩序。这些自行车的主人丢失车子后不用着急，他们在交纳税款以后，仍然可以领回自己的物品。

象牙和象肉

象牙，是非常贵重的。一对 20 千克的象牙，价值 1000 美元。在古代，人们将象牙贡献给国王或皇帝。那时候，只有这些最大的奴隶主或封建统治者才有资格享用珍贵的象牙。

象牙也是友谊的象征。人们将它作为礼品送给友好邻邦。汉武帝、晋武帝、宋太祖时代，都有南方国家赠送大象的记载。中国国家博物馆里展出的两只大象牙，是 19 世纪初，东南亚国家人民送的。

象牙洁白柔滑，质地坚韧，用刀刻也不易崩裂，是一种很好的工艺原料。人们将它制成碗、碟、筷子等用具。

人们很早就用象牙做工具。根据世界考古学记载,早在1万年前的旧石器时代,人们就曾用象牙做铲子,用象牙做支撑帐篷的柱子。

我国很早就有人用象牙做器皿。据传说,3000多年前的商纣王用象牙做筷子,他的臣子箕子知道后非常担心,说:“用象牙做筷子,就会用犀角、玉石做杯子,就会不肯吃蔬菜而要吃豹胎等珍贵的菜,就会不愿意穿粗布短衣,坐在茅草屋里吃,而要穿锦绣衣裳,坐在高大的宫殿里吃。这样奢侈,就会亡国。”

这个用象牙筷子的传说大概是真的,因为新中国成立后郑州附近出土的商代中期文物中,就有象牙梳子。人们在山东泰安大汶口发掘出了很大的象牙筒,而大汶口遗址,根据地层年龄测定,距现在已经5700多年。后来人们在河南安阳殷墟中,除了发掘出两个硬玉雕琢的象,还发掘出三件30—40厘米高、雕琢技术格外精细的象牙杯子。它们都比商纣时代早。

北京故宫博物院里,陈列了一床象牙席,那真是一件杰作。它像编篾席一样,首先得把象牙劈成薄而窄的长条,然后再编织起来。从这床象牙席可看出劳动人民的杰出才能,但也可看出封建统治者的穷奢极侈。

除了做器皿用具,人们还用象牙雕刻成艺术品。将雕刻落下来的象牙屑做药,内服可以治疗惊痫和骨刺卡喉,外敷可以治痈肿疮毒。

我国的牙雕工艺,集中在北京、上海和广州三个地方。北京多数雕刻人物,上海多数雕刻小物件,广州多数雕刻象牙球。

北京故宫博物院里,陈列着雕刻的象牙球,它们非常精巧,一层套一层,一共34层,每层都能转动。有一次全国工业展览会上,曾展出《嫦娥下凡》的牙雕,其中的月亮是一个象牙球,竟有41层之多!

新中国成立以来,牙雕工人用象牙雕刻成新艺术品,反映革命斗争历史和现实生活,如“飞夺泸定桥”“三打白骨精”等,既是艺术珍品,又有教育意义。

其次谈谈象肉。

象肉能不能吃?可以吃。古代的人吃过,现在的人也吃。一本古书上说,象肉千味。意思是说,各部分象肉味道不同。又说,三岁小象的肉味道鲜美,而象肉最好吃的部分则是象鼻和象掌。象鼻子烤着吃,又嫩又脆,不过人们一般不易吃到罢了。

最后谈谈象的毛和皮。

现代象的毛很稀少,人们用它编织成手镯等装饰品。

象皮很厚,有 1.8 厘米厚,可以做甲,也就是古代战士穿的护身衣服,还可以做鼓。象皮做的鼓,敲起来声音传得很远。还有一本古书上说,将象皮切成一条条,将它捶干做手杖,非常结实。

象皮外敷可以促进伤口早日愈合。

大象的恶作剧

照这么说,大象对人好得不得了,简直是有百利而无一害啰?不,当然不是!否则,那是不符合“一分为二”的对立统一规律的。

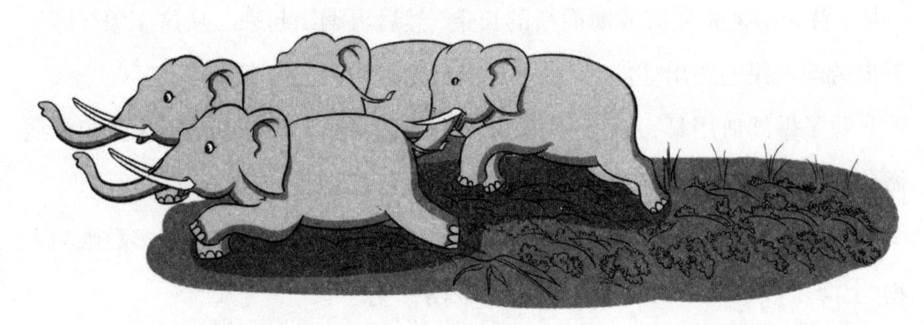

比方说吧，它们在密林中行走，总要毁掉好多树木。当稻子、瓜果、花生和玉米成熟的时候，大象便成群结队走出森林，来到田野，吃个痛快。而且，一切动物对食物都是非常浪费的，大象除了吃掉大量稻子或玉米等，还要踏毁、糟蹋大量的庄稼。为了对付它们，人们敲锣、打鼓，吓跑它们，或者鸣枪，挖陷阱，围捕它们。

还有，大象并不是都像动物园饲养的那样温良和顺。野生的大象是很凶猛的，特别是当它年老、有病的时候，非常残暴，以致达到疯狂的程度，所以人们称它"疯象"，你千万别去接近它。

宋代有个叫彭乘的人，写过一本叫《墨客挥犀》的书。书上说，福建漳浦到广东潮阳一带，素来多象，往往十几头成群，对人没有害处。但如果遇到"独象"，它会伤人，将人践踏得骨肉糜碎才离去。因为"独象"是象里面最狂暴、不为群象所容的，所以碰到了它，它就要践踏伤人。

他所说的"独象"，也就是我们现在所说的"疯象"。

英国科学家伊恩·道格拉斯在《生活在象群中》一书中多次提到他在坦桑尼亚受到大象袭击的事：母象全速朝汽车直冲过来，用尽气力把长牙戳进汽车又拔出去，震耳的吼声伴随着汽车板破裂声响彻森林上空。有几次他还险些丧命。

印度尼西亚雷奥省的橡胶园经常遭到大象的侵袭,它们最爱吃橡胶树的幼苗。怎么办呢?橡胶园主在园子外围安上大功率的扩音机,播放摇滚乐。随着音乐的节奏,许多彩灯一齐闪烁,吓得大象惊慌失措地逃回森林里去。

最后,说一个《裁缝和大象》的故事。

从前,有一个裁缝,她整天在房子里工作。每天,有一头大象走过她的窗前,把鼻子伸进去讨一点食物,裁缝经常送给它一些水果。可是有一天,裁缝没有什么东西送给大象了。她顺手拿起一枚针,对大象的鼻子刺了一下。

大象生气了,它走到一个脏水池边,用鼻子吸满脏水走回来,把鼻子伸进窗户,将脏水喷在裁缝正在缝制的衣服上面。这就是大象的恶作剧。

地底下的大象

为什么叫作“象”

上面我们对现代象的形态、生活、与人的关系等，作了一些介绍。那么，是不是可以说，我们对于象已经有了一个全面的认识呢？

不！

现代象，因为它的巨大、奇特、稀罕，引起我们的注意。谁都知道有象这么一种（实际是两种）动物，谁都愿意到动物园去看看大象。可是，你可知道，曾经有过猪和羊那么大的象吗？你可知道，象的祖先曾经是数目众多，种属也非常之多，分布很广的动物吗？

我们是怎么知道这些的呢？

单从现代象的身上，我们很难推想出它的过去。

我们是从化石的研究中，才知道它们的底细的。

象化石可能是人们很早就知道的动物遗骸。古代希腊人和罗马人将它作为珍品保存起来；墨西哥印第安人的宝藏中就有一块化石是象的腿骨。古代人类很多有关巨物的奇谈，是从象骨化石的发现而来的。现代古脊椎动物学这门科学，也是从研究象化石开始的。

我国战国时代，有个人叫韩非(约前 280—前 233)，他曾经说过这么几句话：人们很少见过活的象，但他们如果得到死象的骨头，根据它的骨架就可以想象活象的样子，所以我们平常设想什么东西就叫“想象”。

另外一些由“象”组成的词还有：形象、意象、象征、象形、现象、景象、对象、抽象、万象更新，等等。

韩非所说的“死象”可能是指现代象，但也可以理解为古代的象。“死象的骨头”，那就是指化石。

观一指而知全身

那么，什么叫化石呢？

你也许在工厂里看过煤炭上有茎、叶的印痕吧？你也许在山上看过岩层中嵌有螺、蚌壳吧？如果你到中药店去，还可能看到过陈列的龙骨和龙齿。其实那不是什么龙骨，那是古代象、犀、马、鹿等的骨骼和牙齿。如果你到自然博物馆去，就可以看到保存着年轮的硅化木、包藏在琥珀中的昆虫、石板上恐龙的脚印，以及威武雄壮的黄河象骨架，等等。

这些都是化石。

化石是古代生物的遗体或生活遗迹，埋藏在地下，经过矿物质长期填充和交替等作用而形成的“石头”。

可是化石并不都像黄河象骨架那样保存得那么齐全。动物死后，尸体暴露在地面的部分，由于日晒雨淋，已经风化瓦解；埋在地下的部分，经过地层的变动、流水的搬运，也都消失了。有的古代动物幸而留下几节骨头或一两个牙齿，我们仍然弄不清楚这是什么动物的。

这就要经过古生物学家的研究，才能做出正确的鉴定。

古生物学家为什么从几块骨头，甚至一个牙齿，能看出是什么动物来呢？

古话说，观一指而知全身。医生只要看看你的指甲，就知道你的身体健康情况。生物也是这样，看到身体的一部分，可以推知全体。

拿高等脊椎动物的骨架来说，它们都包括那么几部分：头骨、躯干骨、四肢骨。越是相近的动物，各部分骨头的形状、位置、数目也越相近。

然而同中有异。拿高等脊椎动物的前肢来看，蝾螈和鳄鱼的适于爬行，鸟和蝙蝠的适于飞翔，鲸和海豹的适于在水里游泳，鼹鼠和穿山甲的适于在地下挖洞。我们人类的手臂，可以前后左右上下伸缩运动自如。人手，大拇指和其他四指相对，可以抓住东西，它是劳动的器官。

象，属于高等脊椎动物中非常进步的哺乳动物。而哺乳动物之所以取得成功，大部分应当归功于牙齿的适应。我们对于哺乳动物进化的大部分知识，是建立在对牙齿的详细研究上的。

各种哺乳动物，由于它们吃的东西、吃的方法不一样，所以它们的牙齿也各不相同。以至有一位古生物学家说："如果所有高等哺乳动物都绝灭了，其他骨头都没有保存，但留下了化石牙齿，那么，它们的分类，也会和现在所知道的基本相同。"

这是从比较解剖学上，人们可以从几块骨头或一个牙齿，认识古代动物的道理。

居维叶的故事

居维叶（1769—1832）是法国的一个古脊椎动物学家，比较解剖学的创立者。

有一次，居维叶的一个学生想去吓唬一下他的老师。他头上戴着一个有角的面具，手上套着蹄子，从窗口把头和蹄子伸进居维叶的卧室，发出嘶叫和喷鼻的声音，做出要吃掉居维叶的姿势。居维叶惊醒过来，看了看，一点儿也不害怕。他镇静地说："有角和蹄子的动物都是不吃肉的，我何必怕呢？"说罢，又继续安心地睡觉了。

还有一次，巴黎近郊发掘出一块化石，只有头骨和牙齿露了出来，而整个身体还裹在岩石里面。当时一些古生物学家根据下颌骨，将这类动物鉴定为蝙蝠。

可居维叶对大家说："从这个标本的牙齿来看，我认为它是有袋类的负鼠，它的腹部必定有一块小的袋骨，来支撑它的袋子。"说着，他就用剔针剔去围岩，果然袋骨就暴露出来了。

这个被命名为居维叶负鼠的标本，到现在还保存在巴黎自然历史博物馆里。

以前，人们曾经把大象的骨头误认作巨人或巨兽的遗骸。1768 年，一个叫威廉·亨特的人将美国俄亥俄州发现的一些长鼻类化石鉴定为食肉类。他说："……这一点我认为是毫无疑问的，谢天谢地，它们现在已经绝灭了。"可是居维叶在 1796 年正确地鉴定出，这些骨头是属于一种已经绝灭了的象的。

居维叶根据大量古代和现代的脊椎动物标本，又总结和吸收前人在这方面的劳动成果，提出著名的“生长相关律”。上面两个故事就是他应用“生长相关律”的例子。

居维叶说：“如果某种动物的肠子是消化生肉的，那么这种动物颌骨的构造一定适于吞食猎物，爪子能抓住它并撕裂它，牙齿能切碎它，四肢能追上它，感觉器官能在远处发现它……”

革命导师恩格斯也曾经举过一些“生长相关律”的例子。例如：蓝眼睛的纯白猫，总是或差不多总是聋的；有成对蹄子的哺乳动物，通常都有反刍的复杂的胃(如牛、羊、骆驼)；红血球没有细胞核，后脑骨有两个骨节联结第一节脊椎骨的动物，必定是用奶哺养幼子的。

总而言之，根据比较解剖学和生长相关律，我们知道，动物的身体，相互间同中有异，而各自又是一个统一的有机体，身体各部分，互相联系，互相制约，一部分发生变化，常常引起另一部分发生变化。

这就是古生物学家，根据几个牙齿，就可以定出一个新种，根据几块破碎的骨片，就可以了解这种动物的习性，塑造出一个动物的全身像来的缘故。

鉴定错了化石

从部分推知全体，是不是就那么绝对可靠，万无一失呢？不！

自然界的变化是非常复杂的。没有弄清这些复杂情况，常常要闹出笑话来。

《史记·孔子世家》里记载了这么一个故事：周敬王二十六年，吴国出兵攻打越国，得到一节骨头，有一辆车那么长。这是什么动物的骨头呢？吴王听说鲁国的孔子是一个无所不知的圣人，就派了一位特使，风尘仆仆地去找孔子鉴定。孔子说，这是一节人的骨头。

根据今天的古生物学知识，一节骨头有一辆车那么长，如果不是恐龙的骨头，一定是大象或犀牛的肢骨，而绝不会是人的骨头。

在欧洲,曾经一位最有权势的主教,名叫奥古斯丁(354—430),他把地下发掘出来的古象牙化石说成人牙,证明古代确实存在过这类"巨人"。有的神父还根据这些动物化石"推算"出:亚当(《圣经》上说,他是上帝创造的第一个男人)身长123英尺9英寸(合37.9米),夏娃(《圣经》上说,她是上帝用亚当的一根肋骨创造的第一个女人)身长118英尺9英寸9英分(合35.6米)。

这些人都是一些瞎说的唯心主义者。

就是在科学昌明的现代,即使是对古生物学很有研究的专家,有时也难免犯错误。

法国古脊椎动物学家居维叶,有一次,把一种动物错认作两种动物。

那一次,有人给居维叶送来两块化石:一块是头骨化石,一块是脚骨化石。头骨上的牙齿表面宽大,有棱有脊,和其他奇蹄类,如马、犀牛的相像,说明它属于食植物的动物。居维叶正确地将它鉴定为奇蹄类。可是他拿起另一块化石,一看是动物的一只前脚,爪子特别发达。他根据生长相关律,认为吃植物的有蹄类是不会有爪子的。因此,虽然脚骨化石是和头骨化石一起送来的,他却将脚骨鉴定为食肉类的。

后来发现了完整的骨架,这些有爪的脚和头骨,的的确确是属于同一种动物的。这种动物叫作爪兽,是一种已经绝灭的、形态很特殊的奇蹄类,是唯一有爪的奇蹄类。它爱吃树叶,经常用前脚抓住树干,伸着脑袋去吃树上的叶子。它的牙齿和脚爪对它这种生活方式是完全适应的。

由此可见,研究任何东西,不仅要看到它与其他相近事物的共同性,也要看到它的特殊性,否则,攻其一点,不及其余,就会犯以偏概全,也就是以部分代替全体的片面性错误。

"有字地书"

化石是生物遗体或遗迹埋藏在地下变成的。生物生活年代有先有后,埋藏时代也就有早有晚。一代生物死了,在地里埋藏起来,又一代生物死了,又在地里埋藏起来，一层一层的，叫作地层。

一般情况下，埋在下面地层的生物时代早一些，埋在上面的晚一些。又因为一群生物只生存在某一个时代，一种生物绝种了，就不会再出现，所以在地层里发现某些生物，就可以知道，这个地层是属于什么时代的。这对找矿和大的建筑工程很有好处。化石、地层、时代是互相联系的。

如果把化石比作一种特殊的文字，那么，地层就是一本书，而且是一本时代有先有后的历史书。

一些古代小说，常常提到一本“无字天书”，说它是“天神”送给某个英雄的，一般凡人看不懂，因为上面是没有字的。

“无字天书”是骗人的迷信，“有字地书”却是老实的科学。当然，要看懂“有字地书”，也要经过一番学习。

地史学家将“有字地书”分成“五卷”，也叫五“代”，就像历史学家将历史分成许多朝代。

从地球在46亿年前诞生到6亿年前为太古代和元古代，生命在孕育、发生，最后出现了海生藻类和海洋无脊椎动物。

从6亿到2亿多年前是古生代，出现了早期陆生植物、陆生无脊椎动物和陆生脊椎动物。

从两亿多年到6500万年前是中生代，这是爬行动物的时代，但低等的哺乳动物和鸟类也出现了。

从6500万年前到现在是新生代。新生代又分第三纪和第四纪，第三纪是哺乳动物繁荣的时代，第四纪是人类起源、发展的时代。

大象是高等哺乳动物，到新生代才出现，所以我们只要把新生代的时代表记下来就行了。

怎么记住新生代的几个世呢？这里编几句顺口溜在下面：

古、始、渐、中、上、更、全，

七个“新世”莫纠缠，

第三纪开始距今六千五百万年，

第四纪开始在二百五十万年前。

七个“世”记清楚了，以后提到时代就不用查下面这个表了。至于年代，有个大致印象就行。因为随着年代测定方法的改进，它们经常有变动。另外，还有一点要注意，表格中的年代是各个世最早的年代，比方，始新世最早年代是5400万年前，但从5400万年前到3700万年前都是始新世。

代	纪	世	距今年代(万年)
新生代	第四纪	全新世	1
		更新世	250
	第三纪	上新世	1200
		中新世	2500
		渐新世	3700
		始新世	5400
		古新世	6500

始祖象、恐象和乳齿象

象的系统树

19世纪，德国有个生物学家名叫海克尔（1834—1919），他研究了各类生物的进化过程，亲缘关系的远近，将它们安置在树枝状的图表上，叫作系统树。

海克尔的系统树有很多错误，现在不能用了，但是它在生物学史上很有价值。以后很多生物学家经常采用这个方法，编过很多系统树。大家看了系统树，对生物的统一起源、各类生物在地球生物史上不同阶段所发生的分枝变化，一目了然。

现在我们也来画一株系统树，将5000万年来大象的历史，作一个介绍。

从象的系统树中，我们看到：

大约在5000万年前，象的始祖出现了。

大约在3000多万年前，始祖象祖先分出两支，一支叫恐象，另一支叫乳齿象。

乳齿象又有长颌乳齿象和短颌乳齿象之分。嵌齿象是长颌乳齿象的主干，铲齿象是它的旁支。短颌乳齿象中最著名的是美洲乳齿象，它一直生活到8000年前。

大约在 1600 万年前,长颌乳齿象中,发展出近代的真象:当时是脊棱象,以后有剑齿象、古菱齿象、猛犸象,等等。

现代,所有古象都灭亡了,只剩下真象:亚洲象和非洲象两种。

根据化石材料,地球上至少生存过 400 种象。在上新世,地球上曾经有几十种象同时存在。

下面,我们只举一些著名的有代表性的象来谈谈。

象类及其亲属系统树

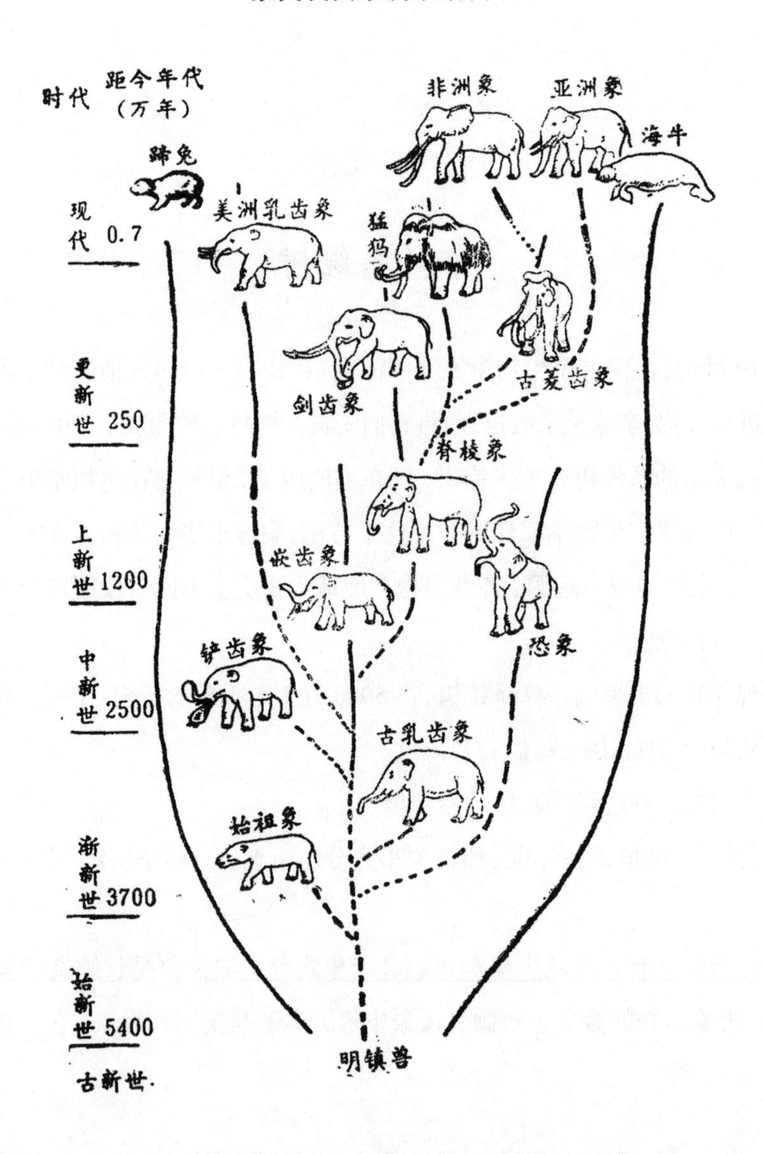

猪那么大的象

在20世纪最初的年月里，一群古生物学家来到埃及梅里斯湖边发掘化石。他们从始新世的地层里发掘出很多化石，但是最大的收获是始祖象的化石。当然啰，这一点他们当时是不知道的。因为化石发现在梅里斯湖边，所以他们就用地名把它叫作梅里兽。以后，苏丹、利比亚也发现过梅里兽，它不止一种，而有好几种。

化石被运到美国，古生物学家经过研究，对化石进行了装架、复原。他们认为，这是“象的始祖”，也就是当时能找到的“象的最早祖先”。可是，现在它的地位变了，我们给它加上引号——“始祖象”。

这怎么可能呢？这粗笨的动物，肩部只有0.6米多高，个儿只有猪那么大。身体长长的，脚末端宽阔而伸展，脚趾尖有扁平的蹄，尾巴也很短。它的头很长，眼睛很靠前。

说到象，你就会想到它的长鼻和象牙。

“始祖象”有长鼻吗？没有。它的鼻孔生在头骨前端，可能有一个厚厚的上嘴唇。

“始祖象”有长长的象牙吗？也没有。不过它的上下第二门齿比较大，这就是后代大象牙的“祖先”。第一门齿呢？还有，但是很小，夹在一对大的第二门齿中间。上颌的第三门齿和犬齿也很小，下颌的第三门齿和犬齿却完全消失了。

那么它的磨齿又怎样呢？是不是也像现代象那么大，有很多齿脊，全副磨齿一个一个先后长出来呢？不，它们都很小。每个磨齿上只有两条横脊，每个横脊由两个并排的齿尖形成。所有磨齿差不多是同时长出，一齐使用的。

“始祖象”经常生活在水里，靠吃水草过日子。因为它们的眼睛和鼻孔生得很靠前，所以只要把头稍许抬一抬，就可以看见水面的东西和进行呼吸。你在动物园里见过河马吗？“始祖象”的生活习性和河马有点像。

“始祖象”的化石只在北非的埃及、苏丹、利比亚发现过。它不像以后其他的象分布那么广。

大象起源于中国

几十年来，人们一直说，大象的祖先就是北非的“始祖象”。可是最近，化石的新发现表明，大象更早的祖先，居住在我国广东省南雄市大塘附近。它生活在5500万年前的晚古新世，只有小羊那么大。1978年，张玉萍女士曾经将它命名为锥脊兽。可是这名称的拉丁学名，1843年菲特金格在研究加拉帕戈斯群岛一种陆生蜥蜴的时候就已经使用了。于是，1980年，张玉萍又将它改名为明镇兽，以纪念古兽专家周明镇先生。他俩曾经多次合作。

有的小朋友问：为什么用人的名字给兽命名呢？是不是因为这人“人面兽心”，就取这么一个名字骂他呢？不是的，正如用地名给生物命名（如亚洲象、梅里兽）一样，生物学家也常常用人名给动植物命名。例如杨氏水牛、钟健鼠是纪念古生物学家杨钟健的，裴氏犀是纪念北京猿人发现者裴文中的，而他们都是道德高尚的人。

张玉萍本来将明镇兽放在全齿目（一类古代有蹄类）里，可是 1986 年，美国古生物学家多明、雷和麦坎纳三人在太平洋东岸发现两种索齿类动物。对它们头骨、牙齿和肢骨的研究，说明索齿类动物是水陆两栖的哺乳类。它们既能吃海藻类植物，也能吃陆上的被子植物。而且它们和长鼻类在身体结构和牙齿特征上很相似，说明两类动物有亲缘关系。

但是，长鼻类和索齿类之间还存在着一些差异，而明镇兽虽然只有几个下颌骨，但它的牙齿、特别是下第三臼齿的特征，和两者都有相似之处。因此，明镇兽就成为联系两者的桥梁，也就被他们推断为长鼻类和索齿类动物的共同祖先。如果这种说法成立，我们就可以说大象起源于中国。

分道扬镳

象始祖后来怎样了呢？

事物总是不断变化的。动物也是这样。在短时间里，八代、十代似乎看不出有什么变化，年长月久，几十代、几百代，动物逐渐适应不同的、变化着的环境，它的变化也就越来越显著。

到了 3000 多万年前，象始祖的子孙一分为三，它们沿着三条主要道路进化着。一支叫恐象类，另一支是“始祖象”，还有一支是象的正宗，统称乳齿象类。

上面我们说过，“始祖象”只分布在非洲北部一小块地方。可是，恐象类和乳齿象类遍布亚、欧、非洲，美洲乳齿象甚至到了美洲。它们是怎样走出来的呢？非洲和欧亚大陆之间不是有一个地中海吗？

原来，在3000万—4000万年以前，非洲和欧亚大陆有很广阔的地区连接着，今天地中海的东部海面还是一大片陆地。

恐象类从2500万年前的中新世，经过上新世，一脉单传，沿着一条很狭窄的道路前进，直到200多万年前的更新世，才走向绝灭。

乳齿象类却不相同。它们在这一段时期里大大地繁荣起来，子孙兴旺，“象口”众多，分成许多宗派，都是身材高大、有着长鼻和象牙的巨兽。除了大洋洲、南极洲，它们分布到世界其他大陆的各个角落。这么多宗派是不是还能算在一个家族里呢？可以。因为它们彼此相像的程度，比始祖象和恐象都大，所以把它们归在一个大家族里还是合适的。

可怕的象——恐象

古生物学里称为“恐”的动物，有恐鱼、恐龙、恐鸟、恐兽等。“恐”就是恐怖，有可怕的意思。那么恐象，也就是可怕的象了。

恐象有什么可怕呢？

它大吗？早期的恐象并不太大，晚期的恐象可大了。它们站起来，高四五米，比现代象还高。它们是长腿的长鼻类，这一点和现代象样子差不多。

它奇吗？是的，它有点奇，它和现代象一样，有相当发达的长鼻子……

都和现代象一样，有什么可怕呀？

对，这些是没有什么可怕的。不过，它的牙有点怪罢了。现代象是两个上门齿变成一对大象牙，可是恐象没有上面的象牙，而是在下巴上长出两个大象牙。它们从下巴前端伸出去，立刻向下，再向后弯，在下巴前面形成一对大的钩子。

恐象后期长得很大，又有一对大钩子似的下象牙。这就是称它“恐象”的缘故。

这样一对象牙钩子有什么用呢？这可使古生物学家煞费脑筋了。一个古生物学家说,因为恐象是生活在河里的,晚上它们在水里睡觉的时候,便用这对奇怪的象牙挂在河岸上。不过大多数古生物学家认为,恐象只是用这对象牙挖掘地面,拉出草根或块茎来吃罢了。

那么,恐象的磨齿又怎样呢?它们的磨齿也是差不多同时长出,一齐使用的。大多数磨齿齿面由两个尖锐的横脊组成。

恐象生活在非洲和欧亚大陆,比始祖象生活地区广阔多了,可是它们从来没有到过美洲。当然,它们跟所有象一样,都没有到过大洋洲和南极洲。

我国发现过恐象的化石吗?还没有。不过亚洲南部邻近我国边境的地区都发现过。近几年来,我国西南各省陆续发现过和恐象同时生活的哺乳动物的化石。那么,只要我们仔细寻找,在我国南方是有可能找到恐象化石的。

恐象，应当从渐新世就有了，可是它的化石，在全世界这一时期的地层里都没有找到过。

从中新世开始，它忽然冒了出来，经过上新世，一直到更新世初才走向绝灭。

经过三个大的地质时代，世界在不断地变化着。可是恐象，除了身体增大了，在形态上没有什么显著的进步。

下颌很长的乳齿象

现在我们再回到埃及的渐新世去。

当始祖象生活在现在的埃及尼罗河谷以后不久，另一些长鼻类出现了。它们比始祖象进步一些，这就是最早的乳齿象。它又分成两支，一支统称长颌乳齿象，另一支叫短颌乳齿象。

我们先谈长颌乳齿象。

为什么叫乳齿象呢？因为它们的磨齿上，不像始祖象那么简单的两条四尖，而是长出很多像奶头似的突起。

为什么叫长颌乳齿象呢？因为这一类乳齿象，下颌都很长。

最早的长颌乳齿象比任何始祖象都大，有比较长的腿，当它站立的时候，肩高有 2 米多。

头骨增大，也变高了。鼻骨大大往后缩，说明它有一条长鼻子。上面的两个第二门齿增大了，向前、向下伸出去。下巴很长，前面也有两个水平伸出的象牙。

总而言之，早期乳齿象看上去有点像中等大小的象。实际上，以后很多象类大概都是从它演变出来的。

像上面说的恐象一样，中间 1000 万年，乳齿象不见了，地里再也找不到它们的化石。这真是一桩奇怪的事情。一直到中新世,才出现了另一类长颌乳齿象,叫嵌齿象,它们是长颌乳齿象里的主干。

乳齿象　　　　嵌齿象

为什么叫嵌齿象呢？因为它们的下颌更长了,下颌上也有两个象牙。这两个象牙向前伸,嵌在长长的、向下并且稍稍向外弯曲的上门齿中间,所以给它们取了这么一个名字。

它们比早期的乳齿象有了一些进步,除了上面说的,个子大了一些(但比起现代象来还是比较低矮的),另外,鼻子长长的,而且能伸能缩了。

嵌齿象主要生活在林深叶茂的树林里,水草丰盛的河湖地区,吃的是多汁的植物枝叶。它们四肢强壮,很会走路,所以不少种类分布很广。

我国发现的嵌齿象有十几种,时代从中新世到更新世早期。

下颌像铲子的象

在长颌乳齿象中,一类叫铲齿象的,样子比较特别,所以我们单独提出来谈一谈。

铲齿象有什么特别的地方呢？

它的上颌骨前面部分又扁又宽,门齿退化了,只有一对尺把(约 33 厘米)长的象牙。整个上嘴唇成为肉质结构,非常灵活。

这还不足为奇,奇的是它的下颌和下牙。

别的长颌乳齿象的下象牙，像两根又圆又尖的短棒；可是铲齿象的变得特别宽而扁，长约30厘米，宽约23厘米，厚约1.7厘米。同时它的下巴前面部分也跟着扩大了。这样，它的整个下颌骨就变得像一把铲子。

这样一把铲子似的下颌骨有什么用呢？原来铲齿象的生活方式也和河马的相似，它生活在浅水里，用这把"铲子"从水底铲水生植物吃。

铲齿象在1000多万年前生活在北美和欧亚大陆，化石发现较少。可是，我国内蒙古、甘肃秦安和陕西蓝田都发现过它们的化石。

下颌很短的乳齿象

比长颌乳齿象出现稍晚，还生存着另一类象，它叫短颌乳齿象。

顾名思义，短颌乳齿象就是下颌很短的乳齿象。

这一类象，下颌上没有象牙，但上颌象牙更发达，鼻子也长得很长。

我国内蒙古、山西、云南、河南中新世到更新世早期的地层里，都发现过这一类象的化石，总共有六七种。

在世界上，它分布到欧亚大陆，甚至到达美洲。美洲乳齿象是世界知名的。

美洲乳齿象在美洲上新世末到更新世的大多数地层中都曾大量发现。这是一种大的长鼻类，虽然没有大的现代象那么高，但是身体结构非常粗壮。上象牙很大而且强烈地弯曲。它们一直生存到8000年前。

美国古生物学家在池沼堆积中，曾经发现过美洲乳齿象的完整骨架。骨架上还保存了肌肉和毛，因而知道，美洲乳齿象是长着红褐色长毛，靠吃树叶生活的。

1977年秋天，美国华盛顿塞奎姆地区发现了一头乳齿象的门齿和一些骨骼，破碎的肋骨上还戳着一个矛头，外面露出20厘米长。用X光透视，可以看出骨里面扎进也有20厘米深。过去在猛犸象上曾经有过类似的发现，但是在乳齿象上，这还是第一次。这是11000—14000年前人类狩猎乳齿象的直接证据。

真正的象

真象的始祖

古生物学家把最进步的一类象，包括我们开始说过的亚洲象和非洲象，统统叫作真象，意思就是真正的象。这个名字也许不大妥当，似乎前面说过的那些古代的象都是假的。不过既然已经这么叫惯了，也就不必再改了。

最早的真象出现于中新世，叫作脊棱象。它是从前面说的长颌乳齿象发展而来的，是从乳齿象到真象的过渡类型。起源地点可能是非洲或者亚洲南部，但也有人认为可能是我国的华北地区。

脊棱象下颌缩短，上象牙长大，臼齿上有横排的脊。这横脊是从乳齿象的齿尖分裂成的小齿尖组成的。臼齿伸长了，齿脊数也增多了。中间的臼齿多到四排，而第三臼齿可以多到六排。

新中国成立后不久，我国的古生物学家在江苏泗洪下草湾引河，发现了一块象的下颌骨化石。古生物学家经过研究，断定它是脊棱象的一个新种，于是把它叫作淮河脊棱象，简称淮河象。

淮河象是什么时代的呢？当时因为发现化石地点的地层已被水淹，同时，一同收集的有一块大河狸化石，而大河狸只有更新世才有，就以为淮河象也是更新世的。

后来，古生物学家经过进一步调查研究，才知道下草湾地区的动物群包括两组化石，时代比较老的一组除了淮河象，还有一种短脚犀，而这种犀是中新世的典型代表。至于所谓的大河狸，根据新发现的材料表明：它比真正的大河狸原始得多，专家们把它叫作杨氏河狸。这样可以准确地确定淮河象是中新世的一种原始真象，于是把它的时代提早了 1500 多万年。

淮河象可能是世界上最早的真象类。

齿脊像屋脊的象

在我国一些大的寺庙，常常把动物化石当作祭品或神物来供奉。

有一次，我国古生物学家杨钟健到四川峨眉山去考察。在一座庙里，几个和尚领着他去看他们供奉的“佛骨”。杨钟健一看那“佛骨”，不禁暗暗好笑。原来所谓“佛骨”，不过是一块象化石，而且一看就知道，那是一块剑齿象的臼齿。于是他想到：唐代文学家韩愈阻止的佛骨，大概也就是象化石。

公元 819 年正月，唐朝的宪宗皇帝曾经派人到凤翔(在陕西)法门寺，迎接佛骨到京城长安(现在的西安)来。那时韩愈是刑部侍郎，他上了一篇《谏迎佛骨表》，反对迎佛骨这件事。结果，皇帝生气了，就把韩愈贬逐到广东潮阳去了。

历代许多皇帝，都有迎接“佛骨”“佛牙”“佛颅”的事，把动物化石请去当作佛爷的骨头，祈求它赐福。这不是很可笑吗？

那么，杨钟健为什么一看就知道那是一块剑齿象的臼齿呢？

原来剑齿象的臼齿很大，上面不像乳齿象那样有奶头似的尖，而是由很多排像屋脊的齿脊合成的，比如第三臼齿的齿脊有多到 15 排的。

剑齿象比脊棱象出现稍许晚一些，也进步一些。它个儿大、腿很长、头骨高，上象牙很长而且弯曲，下颌短而没有象牙。

大家也许要问：下颌短了，可是臼齿变大了，这不是矛盾吗？

对的。我们前面说过，很多早期的乳齿象，牙齿排成一长条，所有的臼齿几乎同时生出来。后来,臼齿越变越大了,怎么办呢?

一条路子是头骨和下颌跟着变长,来安排同时长出的大臼齿。另一条路子是臼齿一个一个出来,在同一时间里,只有少数臼齿在工作。

进步的乳齿象和这里说的剑齿象就是走的第二条路子。在同一个时间里,上下左右各只有一个臼齿,或者半个前面、半个后面的臼齿。

随着臼齿的增大,头骨和下颌也大大地加高了。

剑齿象是第三纪晚期和更新世的真象,分布在非洲东北部和亚洲的东部和南部。它总共有 30 多个种,在我国发现的就有 10 多个种。第四纪的剑齿象化石过去在我国以为只有南方有,可是近年来在北方许多地方,如陕西、山西、青海、新疆也都有发现。

“北京人”吃过的象

北京西南 50 千米的周口店龙骨山是举世闻名的“北京人”之家。早在火药发明之前,劳动人民已经在那里采石烧灰。这些石灰岩山洞里常常发现“龙骨”化石。

这件事引起一些外国人的注意。他们于 1921 年和 1923 年在龙骨山挖掘了大批化石,其中有两颗像人的牙齿。1927 年,他们便在这里雇工开始大规模发掘,又获得一个保存极好的人类的下臼齿化石。1929 年 12 月 2 日下午 4 时,我国古生物学家裴文中和工人一起,在这里发现一个完整的“北京人”头盖骨。这就是“北京人”的来历。

“北京人”是二三十万年到五六十万年前的人。

跟“北京人”化石一起,还有 90 多种动物的化石被发现:牛、羊、鹿、马、熊、狼和鬣狗等,数也数不清。其中比较少的是象的化石,只有一片臼齿齿脊,一段象牙和一块膝盖骨。

这么多动物是怎么跑到“北京人”洞里面去的呢?除了少数一些,像熊和鬣狗等,可能曾经是山洞的主人,绝大多数是“北京人”打猎打来作为食物的。

大象肉也曾经是“北京人”的食物。不过古生物学家说，“北京人”打猎的本领还不够大，猎取大象恐怕还办不到。它可能是和别的猛兽搏斗牺牲了，被“北京人”捡便宜捡回来的。据古生物学家研究，与“北京人”同时代的这种象叫古菱齿象，因为它的臼齿上有菱形的花纹，和现代非洲象的有点相似。有个时期曾经认为它是非洲象的祖先。

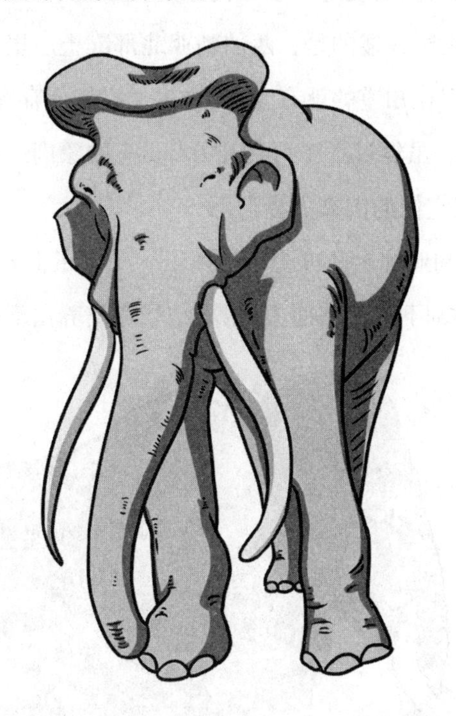

古菱齿象头骨很高，上面有个屋顶似的额骨突起，鼻骨和前颌骨很宽。大象牙比较平直，尖端分开稍许向上，向里弯。它生活在更新世中期和晚期的欧亚大陆上，居住在树林子里。

冰箱里的大象

1973 年，黑龙江省肇源县三站人民公社的社员在拉沙盖土的劳动中，在离地面 5 米深的地下，发现了一具相当完整的象化石骨架。这种象叫猛犸象，它生活在 80 万—1 万年前北国土地上。

“猛犸”,是鞑靼语“地上居住者”的意思。

1973 年发现的猛犸象生活在 1 万多年前。它的化石骨架经过修复和安装,现在陈列在黑龙江省博物馆里。体长 5.45 米,高 3.33 米,门齿长 1.43 米,估计它活着的时候,体重有 4—5 吨。

欧亚大陆和北美洲发现过很多猛犸象的骨架,仅在西伯利亚发现的就有 2.5 万具。特别令人感兴趣的是,西伯利亚北部冻土层里还发现有连皮带肉保存下来的尸体,现在知道的就有 25 具之多。它们保存在冻土层里,就好像保存在冰箱里的肉,虽然过了 1 万到几万年,有的象肉还新鲜得可以吃。俄国老沙皇就曾经用它们的肉来大宴群臣。

1911 年,西伯利亚的永久冻土带挖出了一头冻了上万年的猛犸象。科学家从它的鼻黏膜中刮下一些东西去培养,结果竟培养出活的微生物。

研究了很多猛犸象的尸体,我们知道:猛犸象比现代非洲象还高。例如德国的莫斯巴赫发现的骨片,表明它的肩高有 4.5 米。它全身生长着浓密的,大约 2.5 厘米长的绒毛和 0.5 米长的粗毛,皮下有 9 厘米厚的脂肪,尾巴尖上也长着一丛毛;背上长着一个驼峰似的东西,里面储藏着脂肪,一旦大雪盖没它要寻找的食物,“驼峰”里的脂肪就可以提供营养,维持一段时期的生命。

所有这些，都是它长期适应寒冷气候的结果。

猛犸象上颌的象牙特别发达，并且强烈地向上扭曲、向内旋卷。有的老公象的两个大象牙尖端重叠在一起，以致原本很好的武器和工具变得无用了。这对象牙最长可达 4.5 米至 5 米，重达 400 千克。

1972 年，苏联雅库次克、山德林河中游右岸，发现一具猛犸象骨架和冻藏的内脏，1974 年，人们对其进行了研究。

这是 4.1 万年前的一头 60—70 岁的公象。肠胃冻结在一起，共重 291 千克，肠内装满食物。这些食物，90%以上为草本植物：禾本科和香蒲的叶、茎碎屑，还有柳树、赤杨等的嫩枝叶和一些青苔。因为食物残渣里有尚未成熟的种子，因此估计这头象是在初夏死亡的。

1977年6月，苏联人在西伯利亚东北部勘探金矿的时候，发现一头只有半岁左右的小猛犸象尸体。这是一个稀罕的发现。现在标本冷藏在圣彼得堡，十几个机构的百多个科学家正在对它进行全面研究，已经证实它的时代距今4.4万年。研究以后，它将被剥制成标本，在博物馆里展出。

欧洲一些洞穴里，画着猛犸象的壁画：高而圆的头顶，高耸的肩峰，下塌的屁股，粗长的毛和向上弯曲的大象牙，甚至鼻子上的两个指状突起也画出来了，真是惟妙惟肖，栩栩如生。

原始人将猛犸象画在洞穴里的壁上干什么呢？是画着好玩吗？不是！他们是把猛犸象当作狩猎对象，将它画在壁上，让大家都认识它，好研究捕捉它的方法。原始人吃猛犸象的肉，还用它的大象牙做柱子，上面搭上兽皮，做个棚子，住在里面。

我国古代人对猛犸象的记载很早。1500年前的一本古书《神异经》说，北方万里层冰下面有种动物，样子像鼠，吃草木。肉重千斤，吃了去火。毛长八尺（约2.6米），可以做褥子，睡在上面可以御寒。皮可以做鼓，敲起来声闻千里。

300年前的另一本古书《几暇格物志》也记载了这种北方地下的动物，说它样子像鼠而身大如象。牙白色有光泽而柔滑，没有裂纹。当地人用它的骨头制成碗、碟、梳子和篦子，也说到肉吃了可以去烦热。

从上面的叙述可见，我国人民在1500年前就吃过1万年前已经绝灭，但还完好保存在冰层下的猛犸象肉，还用它的毛做褥子，皮做鼓哩！

黄河象的发现

珍贵的化石

北京自然博物馆和上海自然博物馆的古生物大厅里，都陈列着一具大象的骨架。这就是黄河象。北京陈列的几乎是它的全部化石骨骼，上海陈列的是它骨骼的模型。

川流不息的人群来到陈列厅，莫不以一睹古象昂首阔步的雄姿为快，无不为我国发掘出如此完整的象化石而自豪。

黄河象身高 4 米，体长 8 米。北京陈列的骨架，除了尾椎，几乎全部是由化石骨骼安装起来的。你看，前端是 8 米多长的大象牙，接着是头骨、下颌，甚至很难发现的舌骨也保存着。在 100 多块脚趾骨中，连三四厘米的末端趾骨也没有失掉。像这样完整的材料，在象化石的发现史上是比较少见的，特别是剑齿象化石，还是头一回哩！

黄河象就是前面说过的剑齿象的一种，因为它发现在黄河流域(实际上离黄河岸边还有近 500 千米的路程)，所以给它取的学名是黄河剑齿象，老乡们叫它黄河古象，又简称黄河象。因为它是我国近年来发现的最完整的一具象化石，所以在这里专门谈一谈。

老是说完整、完整,完整又有什么了不起呢?前面不是说,古生物学家单凭一颗牙齿、几块骨头就能定出新种,复原出动物整个形象来吗?

是的,从剑齿象第一次发现并定名以来,已经有120多年了。拿以前发现的剑齿象来说,大多是零星牙齿或者少量残缺不全的骨骼。古生物学家固然有从部分推知全体的本领,但是现在找到了完整骨架,我们对剑齿象不是会了解得更加准确、全面吗?

从这具完整的骨架,我们知道,黄河象有长而直的、粗壮的大象牙。它有一个很大的鼻窝,说明它有一条长长的鼻子。前额平坦,面部平直。肩部高耸,尾部微塌。它不像非洲象那样,背部是前后高、中间低的鞍形,也不像亚洲象那样,背脊最高点在背部中央。它四肢很长,身体窄而短,体形和非洲象近似,生活环境也是相近的。以前不知道剑齿象有几个脚趾,现在我们知道了,它前后脚趾都是五个。

老年的公象

这只黄河象是一头老年的公象。

它没血没肉，只有骨架，怎么知道它的年龄和性别呢？

这就要从骨头和牙齿的生长过程和形状说起。

人类初生婴儿的头顶上面，有一个菱形的凹陷，表面薄薄的皮膜还在一下一下地跳动哩。原来初生婴儿顶骨、额骨，还有其他头骨，都还没有完全长成，骨片之间还留着一道一道的空隙。那叫囟门。要到一岁半，顶骨和额骨才完全合拢，囟门也消失了。

人的脑壳是由八片骨头组成的。骨片与骨片之间都有一条弯弯曲曲像锯齿形的骨缝。成年以后，各条骨缝开始按一定的顺序逐渐长拢。到了老年，骨头合得很紧了，甚至合成整个一块，骨缝都看不大清楚了。

大象也有这样的情况。拿这头黄河象来说，头骨上不仅看不到囟门，而且骨片完全长拢了，骨缝也很模糊，说明它已经进入老年。

再看牙齿。有的古象的大象牙上有一圈一圈的年轮，可以推知古象的年龄，可是在黄河象的大象牙上，年轮不显著。

那么我们只好看臼齿。黄河象的上颌上有完整的第三臼齿和第二臼齿的残余，下颌上只有第三臼齿，而所有第三臼齿的前面部分都磨蚀得比较厉害。如果按照亚洲象臼齿生长的情况来算，估计黄河象至少是六十开外了。

但是剑齿象和亚洲象终究是两类不同的象。亚洲象主要吃草，臼齿磨蚀厉害。剑齿象主要吃多汁的嫩枝叶，臼齿磨蚀得慢一些。因此有的古生物学家又认为，这头黄河象的年龄可能还要大些。

至于雌雄性，怎么区别呢？

一般认为，公象有大象牙，母象没有。可是剑齿象，雌、雄象都有大象牙。怎么办呢？那就看大象牙发达的程度。一般说来，公象的大象牙比母象的大，非洲象、亚洲象都是这样。而这头黄河象的大象牙，又粗又长，因此它可能是头公象。

再看骨骼，公象和母象的骨骼也有差别。这头黄河象身躯巨大，头骨呈方形，特别是骨盆比较狭窄，骨盆腔表面比较粗糙。这些都是公象的特征，所以古生物学家综合判断它是一头老年公象。

灭顶之灾

科学家们假想了这头黄河象的来历……

200 万年前的一天。

万里无云的碧空，火红的太阳炙烤着大地。地上的蒿草丛似乎要燃烧起来了。远处，两三棵栎树呆立不动，一群群羚羊、鸵鸟在漫步。近处，一条弯弯的小河，缓缓地向东南流去。河岸边，盛开的菊花迎风摇摆，似乎在这里还略有生意。

一群剑齿象，扑踏扑踏地从远处走来了。疲劳和干渴，使得它们有气无力地走着。但它们一看到小河，便高兴地向河边跑去。

一头老年公象率先来到了河边，伸长着鼻子去吸河水。河水低低地流着，够不着。它又往前走了一步。它想跨到水里去，美美地饱喝一顿，如果能洗个澡，那是够凉爽舒适的。它右脚踩在一块半圆的石头上，石头在它的重压下轻轻地向前滑，它抬起的左脚来不及收回，向前踩了下去，踏在软泥上。河泥是那样滑溜松软，它的前脚深深陷了进去。不一会儿它的头整个没入水中，身子也跟着斜斜地栽了下去。它挣扎，但越挣扎越往下陷，它抬起头想呼救，但水立刻从它的口鼻中灌了进去。

紧跟着它的群象立刻停住脚步，惊恐地望着它在水中挣扎着，下沉着，吓得顾不上喝水，回头四散逃跑……

一眨眼，200 万年过去了。

往日的草原上升成了高原，一座座山岭耸出地面，一条新的大河又从老象安息的地方流过。

1973 年的春天，甘肃省合水县板桥公社的社员们在挖沙的时候，忽然发现沙土中露出一段洁白的象牙。

“这是什么呀？”大家七嘴八舌地叫嚷起来。

“这是国家的财富。”队长走过来说，同时吩咐大家保护好现场，并且立即报告上级。

北国的寒风在山谷间呼啸、回响。在上级组织的统一指挥下，民工们手握钢钎、铁锤，开始了象化石的发掘工作。红土层坚如铁石，象化石却又松又脆，因此在发掘中，既要有顽强的意志，又要有极大的耐心。

化石全部出露了，在二三十米高的悬崖上，在12平方米的面积里，一头大象的骨架，脚踩砾石，身体斜斜地插在沙质黏土、沙层里。从它站立的姿势，人们可以想象出它失足落水那一瞬间的情景。根据它保存的完整性，各部分骨头互相关联的情况，人们可以推想出，它死后被原地埋葬，没有经过流水搬运，也没有被水冲散。

化石发掘是不容易的，而要将象骨架完整地运出来更不简单。你想，象骨架出露在高高的悬崖上，单是象头骨就重达3吨。怎样将它搬下来呀？但是，困难吓不倒英雄汉，几百名民工凿开岩石，开辟了一条临时公路，附近的工业部门还派来吊车全力支援。在组织的关怀和群众的协助下，象骨架化石终于安全地运到祖国的首都——北京。

古代的地理和气候

我们对黄河象当时的生活环境及死后埋藏情况作了一些描写。事隔200万年，我们是怎么猜想出来的呢？

除了黄河象骨架本身完整无损，说明水流缓慢，它死后没有被流水搬运、冲散，地质古生物学家还从当地的地质情况，以及采到的动植物化石，推想出一个大概来。

我们到小河边去看看。如果水流比较快，河岸边总是堆积着很多大大小小的鹅卵石，石块长轴指示着水流方向。石头在水里滚动距离长，石头便磨得圆圆的。如果水流比较慢，河岸边总是堆积着很多沙土、小石子。如果我们再到小湖边看看，情况就不同了。那里水不大流动，湖岸边堆积着细沙和黏土。

黄河象脚踩在砾石层上，身子埋在黏土夹沙层里，说明这里最初有一条流动的河，以后河流改道，这里变成一湾较平静的湖水。

砾石长轴大都指向西北，说明当时水是从西北往东南流的，和现在的马莲河水流动的方向一样，也证明当时那一带的地形也是西北高、东南低的。那里的砾石磨得不太圆，说明搬运距离不太大，水流不太急。

再从这里发现的和黄河象一起生活的动植物看，骆驼、鸵鸟、羚羊、长鼻三趾马，以及蒿子之类的植物，表明这里有大片干旱的沙漠草原。鳖类和莎草，说明这里也有河湖低洼地带，而栎树的发现说明这个地方是亚热带和温带。

总的说来，当时陇东(甘肃东部)的土地是大片的稀树灌木丛草原地带，气候比较炎热干燥。

象的亲属

奇异的蹄兔

非洲和中东的峻峭山边的岩石中，或树林里，生活着一类小动物，它叫作蹄兔。

蹄兔——沙加兽

它的样子有点像兔子。上下颌,像老鼠一样,有一对没有齿根的门齿。生活习惯也和某些老鼠、兔子相似。它们白天隐藏在岩石缝里,或者出来晒太阳,一早一晚寻找青草、鲜叶、根茎、嫩芽吃。它们活动的时候,还要派上一个“哨兵”站岗哩!

因为它的样子和习性都有点像兔子,所以古代人,甚至近代的一些自然科学家,都把它认作一种兔子。可是现代动物学家把它的分类地位搞清楚了,它不是兔子,它的脚尖上有一个小小的蹄子,脚的底部还有一小块肉垫,因此将它单独定成一类,叫蹄兔类。

说来奇怪,这类兔子似的小动物,竟和大象是亲属哩!

蹄兔的祖先,以前只发现于地中海区域第三纪的地层中,可是近来我国上新世到更新世地层中也有发现,而且是一种大型的蹄兔。

渐新世的大蹄兔曾经和猪、甚至跟马一样大。可是它竞争不过其他有蹄类,就逐渐绝灭了。只有一些小的蹄兔留下来活到现在。

海　牛

大象的亲属,除了生活在岩石丛中或树林里的蹄兔,还有生活在水里的海牛。

海牛有3—4米长,最长可达4.5米,体重400千克左右,最重有600千克的。浑身光滑无毛,皮黑黑的。

它的头前端是一张灰色的脸,脸上长着宽阔的、覆盖着硬毛的嘴巴和粗钝的鼻子。鼻孔可以用皮瓣关闭,鼻子后面有一对珠子般的黑眼。它没有门齿。臼齿的生长和象一样,颌的后部会定时出现新臼齿。一颗新臼齿出现时,整排牙齿就会向前移动,同时,最前面的臼齿自行脱落。一头海牛一生中共长出60颗新牙。

它的前脚像两把桨(每只脚上面还有三个脚趾,趾上还有退化了的蹄),后脚退化得看不见了。身体最后面是一个宽而圆的、水平的尾鳍。

海牛是熟练的游泳家，生活在非洲和美洲热带及亚热带的浅海沿岸，经常游到幽静的深水河湖里去。它行动缓慢,总是成小群在缓流处漫游。它一般在清晨及黄昏活动和觅食,吃各种柔嫩多汁的水藻、草类及其他水生植物。

在美洲和非洲有些河道里，水草生长迅速，堵塞河道。这样不但毁坏庄稼,还传播疾病。人们动用船艇、飞机,撒除莠剂,繁殖某些吃水草的昆虫,花了成百万美元,都无济于事。可是,后来人们只用了两头中等大小的海牛,在4个月里把长1500米、宽7米的水草区清除干净了。

海牛长时间离开水就不能生活,在自然界的敌人是大型的鲨鱼。

海牛“妈妈”每胎生一个“孩子”,偶尔生两个。幼儿生下来就有1米来长,30千克重,几小时以后就会游泳。海牛“妈妈”常常用一边的前肢抱着幼儿哺乳,用另一边前肢划水,因此有人称它为“人鱼”。幼兽4岁—4岁半成熟。它们可以活到30多岁。

海牛的肉洁白，像猪肉一样好吃。皮可以制成耐磨的革，脂肪可以炼出有香味的油。肋骨可以作为象牙的代用品。

不久前,墨西哥送给我国一对海牛,它们产于墨西哥湾到巴西海岸一带。北京动物园特地为它们建立了一座海兽馆，馆里有很大的游泳池，让它们住在里面。因为它们怕冷,水温要保持25℃左右,冷天得给它们供应暖气。人们每天给它们吃白菜、莴苣、菠菜、芹菜叶等。海牛的胃口很大,一天要吃45千克以上的食物。

经过训练的海牛可以表演几种简单的把戏,例如游过套环等。它在人工饲养下不容易繁殖。1975年5月3日,美国迈阿密海洋水族馆的海牛生下了一头小海牛。这是母海牛被捕后怀孕的第一个例子。1982年,北京动物园海兽馆里饲养的海牛也生了小娃娃。

最早的海牛发现于始新世,样子和现代海牛差不多。看来,它很早就已经完全适应在水中生活。

"美人鱼"——儒艮

和海牛一类的儒艮,有人叫它美人鱼,生活在印度洋到太平洋西岸一带,在我国南海及台湾岛附近也经常出现。

它外形有点像小鲸,长1.5—2.7米,重300多千克。和海牛不同的是,它的尾鳍末端稍稍分叉,只在浅海中生活,从不进入内河。

在天气晴朗,波澜不惊的日子里,它们常常成群拥出水面,小儒艮在"妈妈"胸部乳头上吸奶。这就是有些人称它美人鱼的缘故。

它的肉也像猪肉一样好吃,皮可以制革,脂肪可以作燃料或润滑剂,骨头可以做肥料和手工艺制品。我国广东、广西和海南的渔民,每年春天,用标叉可以捉到很多,渔民们叫它"海马"。

上面这几种有蹄动物,不论是形态特征或者生活习性,都和我们熟悉的大象很不相同,为什么说它们是大象的近亲呢?

我们看问题不能只看表面,而要看它们的实质。根据古生物学家研究,在八九千万年前,三种小的、身披软毛的哺乳动物,生活在沿海浅滩上。

经过许多代以后，各种各样的陆生和水生哺乳动物产生了。一支演变成为牛和有齿鲸，另一支发展成为熊、狗和须鲸，第三支变成象、蹄兔、海牛和儒艮。

所以，尽管现代的蹄兔、海牛和儒艮，不论在形态或生活习性上，跟大象很不相同，但我们还是把它们看作象的近亲哩。

5000 万年的回顾

象的变化和发展

5000 万年来，象类发生了很大的变化。

始祖象只有 1 米来高，但最早的乳齿象已经高达 2 米，以后，绝大多数的象都发展成巨兽。晚期的恐象高达 4—5 米，其他象也都有 3—4 米高。这主要是因为四肢加长了，同时脚变得短而宽，使四条腿终于成了四根大肉柱子。

脑袋，相应增大，可是颈部相对缩短了。

下颌呢，早期的普遍伸长，可是晚期的，多数的象又缩短了。

随着身体增高和颈部缩短，鼻子逐渐加长，到了晚期，发展出灵活而有力的长鼻。同时，第二对门齿增大，成为大象牙，这是它们挖掘食物的工具，也是对敌斗争的武器。

磨齿增大且变复杂。从始祖象的两个齿脊、四个齿尖到真象类的一二十个齿脊，从早期的同时生出、一齐使用到晚期的依次生出、轮换使用。

早期的象多生活在河流湖泊地区，晚期的象多生活在森林、草原地带。

这是象类发展的共同趋势。

但是，正如很多规律都有例外一样，大象发展变化的这些规律也经常可以找到例外。例如，一般来说，晚期的象，身材都很高大，可是西非密林中的倭象(非洲象的一个地方亚种)，欧洲第四纪的古菱齿象，在地中海一些岛屿上变得很矮小，最小的身高还不到1米。

又如大象牙，也发展出各种各样的形式。大家该记得，恐象下颌上那对钩子似的大象牙吧。

磨齿的变化更是多种多样，古生物学家用它来鉴定种类。拿现代两种象来看，亚洲象的臼齿比较高，齿脊挤得很密，齿脊可以多到27个；而非洲象的臼齿比较低，齿脊宽，齿脊一般只有10个。

你看，这些变化又是多么复杂啊！

象为什么会变

5000万年象的历史，也就是象的变化、发展、衰微的历史。

你也许要问："象为什么要变化呢？是什么原因使它们产生这样或那样的变化呢？"

毛泽东同志曾经指出："唯物辩证法认为外因是变化的条件，内因是变化的根据，外因通过内因而起作用。"

那么，什么是象变化的内因呢？什么是象变化的外因呢？

就每头象来说，它每天要吃东西，从食物中吸收养料，变成自己的血肉，或者把养料储藏起来，这叫同化作用；同时它又每天将自己的身体分解，放出能量，或者将废物排出体外，这叫异化作用。同化作用和异化作用是每头象生长、生活、衰老的内因。

如果我们将眼光放得大一些，就象的种族来说，那么，变异和遗传的对立统一是象的种族变化、发展、衰微的内因，实际上也是所有生物种类变化的内因。

我们种下瓜子，就得到新一代的瓜，种下豆子，就得到新一代的豆，除了人工改变它的遗传物质，绝对没有种瓜得豆、种豆得瓜的事情。这就是遗传。

也就是说，新一代的瓜或豆，从老一代的瓜子、豆子中的遗传物质，接受大量的遗传信息，向指定方向发育。

然而这许多遗传信息，以及环境，也都是变化的，遗传信息的数目和结构等的任何一丁点儿变化，都使得新一代变化。我们仔细观察每一根蔓上长着的扁豆，就会发现它们的大小、形状、色泽总有点不同，绝对相同的两片扁豆是没有的。这就是变异。

变异使生物发生变化，是绝对的。没有变异，生物便没有千变万化，没有发展。遗传使生物产生一定的稳定性，是相对的。没有遗传，变异就不能保存，也就不能形成物种。

如果我们将眼光再放远一点，就会看到，任何一种生物，都生活在一定的环境之中，正像我们常说的“鱼儿离不开水”一样。任何一种象，也都是生活在一定的时间、地点、条件下，自身变异、遗传发展到一定程度的产物。这些环境条件，包括阳光、空气、水、气候、栖息活动场所、周围其他动物和植物等。

生物是不断变化的，环境也是不断变化的。某些旧的性质不能适应新的环境，生物就被环境淘汰。某些新的性质，对新的环境适应得好，生物就壮大，种族就繁荣。正是这种适应与不适应，推动生物的发展变化。

在古新世之初，地球上曾经经历过一场大的变动。很多被浅海覆盖的大陆上升，季节的更替变得显著。古代羊齿和松柏被新生的柳树、梓树、橡树取代，以前占优势的爬行动物，包括恐龙在内，绝灭了，原来地位卑微的哺乳动物兴起，发展出多种多样的形态，哺乳动物中的象类出现了。

“始祖象”生活在始新世非洲北部的一小块地方，那里河湖纵横、水草丰茂，“始祖象”的身体结构适宜于那种环境，过着无忧无虑的生活，得到很好的发展。以后的恐象、早期的乳齿象，特别是铲齿象，在形态上有了各种不同的变化，分布地区也大大扩大，但仍然适应着水生和半水生的生活。

随着时间的流逝，显花植物和草类发展起来了，绿色宽广的草原掩盖大片大片的大陆，为大批有蹄类、象类的发展创造新的条件。许多晚期的乳齿象类、早期的真象类走向森林、草原地区。那些逐渐变得适应森林、草原的象类大大兴旺发达起来。它们身躯雄伟，力大无穷，不怕任何猛兽袭击，也不袭击别的猛兽，成了兽类之王，走到了象类繁荣的顶点。以后，它们又向现代象发展，但比起现代象的种属丰富得多——这就是我们前面介绍过的剑齿象、古菱齿象、猛犸象，等等。

到了更新世，特别是晚期，有两种情况，在这里谈一谈。一个是冰期的发生，一个是人类的发展。

象类本来是适应温暖潮湿气候的动物，很多大象受不了冰期寒冷干燥的气候，纷纷南下。但也有些大象，如前面说过的猛犸象，它们本身的变化，使它们经受住冰期的考验，便在北方生存、发展起来。

人类的发展在一定程度上也影响象的生存。我们前面说过，随着原始人狩猎本领的提高，许多晚期的象，如美洲乳齿象、猛犸象都成了原始人的狩猎对象，这也促使象类家族走向衰微。

今天，古象都进了博物馆，只有两种象还可以在热带、亚热带以及世界各地动物园里看到。

象的起源和未来

关于大象的故事，我们就说到这里。

虽然我们不敢说，对大象已经有了全面的、正确的认识，但是关于象的大致情况，该说的是不是都已经说了呢？

不，关于象，还有两个问题没有谈到：一个是象的起源，一个是象的未来。

关于象的起源，这本书介绍了“始祖象”和明镇兽。可是，“始祖象”，还有恐象，现在都被看成象类的旁支，而明镇兽，还没有完全弄清楚是什么东西。

象的系统发生，我们曾经拿树来打比方。各种各样的象，就像一棵大树的千枝万叶，它的祖先应当是树根，它埋在泥土中，我们还没有将它发掘出来。

另一方面，我们知道，“象始祖”和明镇兽是原始的、一般化的，和其他古代有蹄类的差别比较小。那么，它的祖先，也就是其他有蹄类的祖先，更原始，更一般化，以致我们分辨不清楚了。

总而言之，始祖象也有它的祖先，它是可以认识的，只是人们现在还没有弄得很清楚罢了。随着古生物学的进展，将来一定能弄个水落石出。

任何事物，都有它的发生、发展、繁盛、消亡的过程，象也是这样。

在五六千万年前，大象的祖先只是种类很少的动物。但是，新生事物是不可战胜的，它迅速地发展起来。到了1000多万年前，它种类繁盛，“象口”众多，足迹除大洋洲、南极洲外，几乎遍及全球的大陆；而到了现代，只剩下亚洲象和非洲象两个种。象的个体数目还有几十多万头，但它们已经是走向死亡类群的最后代表。

总之，大象兴盛的时代已经过去，现在正走上末路。

即使没有人类作为一个毁灭因素的干预，它们也完全可能在今后几千年内走向绝灭。

如果加上人类的滥捕滥杀，它们将绝灭得更快。有人估计，到21世纪末，大象就可能全部绝灭。

我国古话说：“象以齿焚身。”人类最初为了吃象肉，后来为了获得象牙，从很早的古代起，就捕杀大象。到了资本主义时代，贪婪的商人为了发财致富，更加大量地搜捕残杀大象——特别是非洲象，因为它的象牙比亚洲象的质地好。

美联社1977年报道：“世界大象学会昨天透露，猎象牙者去年在非洲杀死了10万至40万头大象，而且需求似无止境。

“仅香港一地，非洲去年供应了710吨象牙，或者说，71000头象遭到杀害，它相当于南非全境大象总数。”

1978年1月23日香港《大公报》上有篇文章——《非洲大象面临厄运》。文章里说：“由于近代狩猎技术的发达，象群的数量也相应锐减。以刚果为例，在大规模猎兽武器出现之前，有野象500万头以上，现在整个非洲的野象只有30万头了。”

1988年初，野生动物专家在泰国北部的清迈举行了会议。专家估计，亚洲象也在减少。泰国只有5000头野象、12000头家象。印度尼西亚只有5000头,日本的千叶还有150头。大象减少的原因,除森林资源耗尽以外,还因为人们为夺取它们的长牙和皮而滥捕滥猎。

看了上面的这些消息,人们忍不住要发出“救救大象”的呼声。

实际上,这呼声早就有了,世界上许多动物学家都曾经组织动物保护学会,希望保护大象及其他稀有动物。

非洲中部的刚果民主共和国(简称民主刚果),拥有近50万头大象,占全部非洲象的70%。为了保护大象,政府颁布了法律,建立了完整的管理机构。

这个国家先后建立了7个保护区,森林覆盖面积约占全国面积的52%。野象在这里悠闲自在地生活着。这里因此获得“大象乐园”的美称。

但是,尽管如此,从20世纪70年代起,非洲象每年要减少12万头。民主刚果等国家,大象减少了90%。偷猎者为了得到象牙,置法律于不顾,仍然疯狂地猎杀大象,连幼象也不放过。可以说只要世界上还存在资本主义,就没法禁绝这种滥捕滥杀大象的活动。

愿全世界人民一齐来认真保护大象和其他珍贵动物。

愿大象与我们人类同在!

愿大象成为人类驯化的动物!

愿大象永远生活在世界各地动物园里!

后记

弹指一挥间,我敬爱的父亲刘后一离开我们已经20年了。这些年,我时常怀念父亲,父亲为孩子们刻苦写作的身影也常常浮现在我的眼前。令我们全家深感欣慰的是:时间的流逝并没有使人们淡忘他对中国科普事业做出的贡献。此次长江少年儿童出版社出版"传世少儿科普名著(插图珍藏版)"丛书,将父亲的《算得快的奥秘》等8本科普著作进行再版便是佐证。这是对九泉之下的父亲最好的告慰。

父亲是一位深受广大小读者爱戴的、著名的少儿科普作家,这和他无私地将自己的知识奉献给孩子们不无关系。父亲非常重视数学游戏对少年儿童的智力启发,几十年间,他为孩子们创作了大量数学科普读物。此次出版的《算得快的奥秘》《从此爱上数学》《数字之谜》及《生活中的数学》4本数学科普书,便是从这些读物中选出来的。

中国著名数学家、中国科学院系统科学研究所已故研究员孙克定,在20世纪90年代父亲在世时,为《算得快的奥秘》所作序中写道:"《数学与生活》(原书名)实际上是一本谈数学史的书,可是他讲得很生动有趣,还加进了一些古脊椎动物、古人类学知识,因此也谈得颇有新意。主题思想也是正确的:'数学来自生活,生活离不了数学。'"

"社会影响最大的还是要推《算得快》。这是1962年,他应中国少年儿童出版社之约编写的，其中今日流行的速算法的几个要点都已具备。但是由于考虑到读者对象，形式上他采用了故事体，内容则力求精简，方法上则废除注入式，而采用启发式，以至有些特点竟不为人所注意。例如速算从高位算起，他在计算 36 + 87 的时候，就是用‘八三十一、七六十三’的方式来暗示的；直到第 11 章才通过杜老师的口说出‘心算一般从前面算起’的话，又通过杜老师的手，明确采用了高位算起的方法。其他乘法进位规律、化减为加，等亦莫不如是。”

后来，父亲又对《算得快》进行了两次较大的修改，一方面删繁就简，将一些烦琐的推导式简化；另一方面，又将过去说得简略的地方作了补充，使要点更加突出，内容更加丰富。但是，由于考虑到少儿读者的接受能力，父亲没有增加内容的难度，乘除法仍然以两位数乘除为主。在第二次大的修改中，父亲接受读者要求，除了将部分内容有所增减外，还介绍了一些国内外速算的进展情况。只要是真正有所创造、发明，又能为少年儿童接受的，父亲都尽量吸收其精华，奉献给读者。

《奇异的恐龙世界》是湖北少年儿童出版社（现长江少年儿童出版社）20 世纪 90 年代出版的《刘后一少儿科普作品选辑》（全 4 辑）中关于生物学的一部选辑，本次再版的《大象的故事》《奇异的恐龙世界》《珍稀动物大观园》和《人类的童年》4 本科普书均选自该部选辑。

父亲在大学是专攻生物的，写这部选辑是他的本行。但是，要写出少年朋友喜闻乐见的科普作品也不是件容易的事，既要有乐于向孩子们传播科学知识的精神，也要有写好科普作品的深厚功力。父亲在写作时善于旁征博引，又绝不信口开河。即使是谈《聊斋志异》中的科学问题，他的态度也是很严谨的。父亲在写《大象的故事》时，力求写得生动有趣，使读者深刻地了解大象的古往今来；在写《珍稀动物大观园》时，除了介绍世界各地珍稀动物的形态、行为、珍闻逸事外，父亲还流露出对世界人类生态环境的深深忧虑。他号召少年朋友们爱护动物、尊重动物，努力为保护动物做一些有益的事情。

父亲自幼酷爱读书，但他小时候家境贫寒。由于父母去世早，他连课本和练习本都买不起，全靠姐姐辛苦赚钱送他上学。寒暑假一到，他就去做商店学徒、修路工、制伞小工、家庭教师等，过着半工半读的生活。好不容易读完初中，父亲听说湖南第一师范招生，而且那个学校不用交学费，还管饭，他便去报考，居然“金榜题名”。这是父亲生平第一件大喜事，也决定了他一生的道路。

父亲有渊博的知识，后来写出大量的科普作品，完全与他的勤奋好学分不开。记得我上小学和中学的时候，父亲经常不回家，有时回家吃完晚饭后又匆忙骑自行车回到单位，为的是将当时我家非常拥挤的两间小房子让给我和妹妹们写作业，而他自己不辞辛苦地回到他的办公室去搞科学研究，进行科普创作，这一去一回在路上都需要两个小时。20 世纪 70 年代初期，父亲去干校劳动，在给家里的来信中常常夹着他创作的科普作品，那是父亲要我帮他誊写的稿件。原来，因为干校条件很差，父亲搞科普创作，只能在休息时进行构思，然后再将思路记录在笔记本上，很多作品就是在那样艰苦的环境中创作出来的。

父亲具有勤俭节约的美德，一直都反对浪费。虽然他享有“高干医疗待遇”，但是在唯一的也是最后一次住院治疗时，拒绝了住干部病房，而是在 6 个人一间的病房中一住就 4 个多月。父亲说，这是因为他不忍心让国家为他支付更多的费用。父亲一生中仅科普著作就有 40 余本，光那本著名的《算得快》便发行了 1000 多万册，但他所得到的稿酬并不多。尽管如此，他仍然经常拿出稿酬，买书赠给渴求知识的青少年。他还曾资助了 8 个小学生背起书包走入学堂，并将《算得快》《珍稀动物大观园》等书的重印稿酬全部捐赠给中国青少年基金会，以编辑出版大型丛书《希望书库》。

令父亲欣慰的是，对于他在科普创作中所取得的突出成就，党和国家给予很高的荣誉，他所获得的各种奖励证书有几十本之多。《算得快》曾获得全国第一届科普作品奖，并被译成多种少数民族文字出版。1996 年，他还被国家科委（现为中国科学技术部）和中国科协授予“全国先进科普工作者”的称号。值此长江少年儿童出版社出版“传世少儿科普名著（插图珍藏版）”丛书之际，我谨代表九泉之下的父亲，向长江少年儿童出版社以及郑延慧、刘健飞、周文斌、尹传红、柯尊文等一切关心和帮助过他的人深表谢意！

刘后一长女刘碧玛

2016 年 11 月 6 日写于北京

鄂新登字 04 号

图书在版编目（C I P）数据

大象的故事 / 刘后一著. —武汉：长江少年儿童出版社，2017.5
（传世少儿科普名著：插图珍藏版）
ISBN 978-7-5560-5631-6

Ⅰ.①大…　Ⅱ.①刘…　Ⅲ.①长鼻目—少儿读物　Ⅳ.①Q959.845-49

中国版本图书馆 CIP 数据核字（2017）第 022510 号

大象的故事

出 品 人：李　兵
出版发行：长江少年儿童出版社
业务电话：（027）87679174　（027）87679195
网　　址：http://www.cjcpg.com
电子邮件：cjcpg_cp@163.com
承 印 厂：武汉中科兴业印务有限公司
经　　销：新华书店湖北发行所
印　　张：6.25
印　　次：2017 年 5 月第 1 版，2017 年 5 月第 1 次印刷
规　　格：710 毫米 × 1000 毫米
开　　本：16 开
书　　号：ISBN 978-7-5560-5631-6
定　　价：14.00 元